建筑工人职业技能培训教材

建筑工人安全知识读本

建筑工人职业技能培训教材编委会　组织编写

中国建筑工业出版社

图书在版编目（CIP）数据

建筑工人安全知识读本/建筑工人职业技能培训教材编
委会组织编写. —北京：中国建筑工业出版社，2015.11
建筑工人职业技能培训教材
ISBN 978-7-112-18739-3

Ⅰ.①建… Ⅱ.①建… Ⅲ.①建筑工程-工程施工-安全
技术-技术培训-教材 Ⅳ.①TU714

中国版本图书馆 CIP 数据核字（2015）第 268518 号

建筑工人职业技能培训教材

建筑工人安全知识读本

建筑工人职业技能培训教材编委会 组织编写

＊

中国建筑工业出版社出版、发行（北京西郊百万庄）
各地新华书店、建筑书店经销
北京红光制版公司制版
北京市密东印刷有限公司印刷

＊

开本：850×1168 毫米 1/32 印张：6½ 字数：174 千字
2015 年 12 月第一版 2016 年 4 月第二次印刷
定价：**17.00** 元
ISBN 978-7-112-18739-3
（27835）

本教材是建筑工人职业技能培训教材之一。考虑到施工现场安全保障的特点，对建筑工人安全知识进行了详细讲解，具有科学、规范、简明、实用的特点。

本教材适用于建筑工人职业技能培训和自学。

责任编辑：朱首明　李　明　李　阳
责任设计：董建平
责任校对：李美娜　刘　钰

建筑工人职业技能培训教材
编　委　会

主　任：刘晓初

副主任：辛凤杰　　艾伟杰

委　员：（按姓氏笔画为序）

包佳硕　　边晓聪　　杜　珂　　李　孝

李　钊　　李　英　　李小燕　　李全义

李玲玲　　吴万俊　　张囡囡　　张庆丰

张晓艳　　张晓强　　苗云森　　赵王涛

段有先　　贾　佳　　曹安民　　蒋必祥

雷定鸣　　阚咏梅

出　版　说　明

为了提高建筑工人职业技能水平，根据住房和城乡建设部人事司有关精神要求，依据住房和城乡建设部新版《建筑工程施工职业技能标准》（以下简称《职业技能标准》），我社组织中国建筑工程总公司相关专家，对第一版《土木建筑职业技能岗位培训教材》进行了修订，并补充新编了其他常见工种的职业技能培训教材。

第一批教材含新编教材3种：建筑工人安全知识读本（各工种通用）、模板工、机械设备安装工（安装钳工）；修订教材10种：钢筋工、砌筑工、防水工、抹灰工、混凝土工、木工、油漆工、架子工、测量放线工、建筑电工。其他工种教材也将陆续出版。

依据新版《职业技能标准》，建筑工程施工职业技能等级由低到高分为：五级、四级、三级、二级和一级，分别对应初级工、中级工、高级工、技师和高级技师。教材覆盖了五级、四级、三级（初级、中级、高级）工人应掌握的内容。二级、一级（技师、高级技师）工人培训可参考使用。

本套教材按新版《职业技能标准》编写，符合现行标准、规范、工艺和新技术推广的要求，书中理论内容以够用为度，重点突出操作技能的训练要求，注重实用性，力求文字通俗易懂、图文并茂，是建筑工人开展职业技能培训的必备教材，也可供高、中等职业院校实践教学使用。

为不断提高本套教材质量，我们期待广大读者在使用后提出宝贵意见和建议，以便我们改进工作。

中国建筑工业出版社

2015 年 10 月

前　　言

　　本教材是根据国务院和住房和建设部的文件精神以及当前建筑施工企业的安全生产标准化需要而编写的。本书以突出重点、以点带面、讲求实效、稳步推进为原则，以国家安全生产法律法规为准绳，以部分建筑施工单位安全生产标准化的成功活动为范例，参考国际先进经验，力图对各建筑施工单位开展安全生产标准化工作有所促进和帮助。

　　本教材主要内容有：建筑施工安全概论、建筑安全生产法规知识、建筑施工安全生产管理制度、个人安全防护用品使用、高处作业安全知识、施工现场消防安全知识、施工现场安全用电知识、季节性施工安全知识、施工现场安全标志、施工现场急救知识、建筑施工安全事故知识。本教材内容简洁、实用性强、通俗易懂，可指导建筑企业实施和完善安全生产标准化，是企业管理及相关人员的重要参考书，也可作为培训教材，用于对相关人员的培训。

　　本教材由杜珂担任主编，段有先担任副主编。限于作者水平有限，难免存在疏漏之处，真诚希望广大读者能够提出宝贵意见，予以指正。

目　录

一、建筑施工安全概论

建筑业属于危险性较大的行业，加强建筑施工安全生产管理，是实现产业健康发展的重要基础，历来是国内外建筑施工管理的重点。

（一）安全生产知识概述

安全生产是人类社会活动的基本需求，不仅关系到人的生命财产安全、家庭的幸福安康，也关系到产业的健康发展乃至社会的和谐稳定。

1. 安全生产术语

（1）危险

危险是指系统中存在对人、财产或环境具有造成伤害的潜在因素的一种状态，这种状态具有导致人员伤害、职业病、作业环境破坏、生产活动中断的趋势。

危险的程度或严重性，用危害发生的概率、频率或者伤害、损失的程度和大小衡量。

（2）安全

安全是指系统中免除了危险的状态，是系统呈现的另一种状态，也就是没有危险、不受威胁、不出事故，因此，安全是与危险、威胁、事故等状态和结果相对应的。

（3）事故

事故是指造成死亡、伤害、疾病、损坏或者其他损失的意外事件，是发生在人们的生产、生活中，突然发生的、违反人们意志的负面事件。

（4）事故隐患

事故隐患泛指生产系统中存在的导致事故发生的人的不安全行为、物的不安全状态以及管理上的缺陷。

2. 安全与生产的关系

（1）安全生产的内涵

所谓的安全生产，是指为了防止在生产过程中发生人身伤害、财产损失等事故，而采取的消除或者控制危险和有害因素，保障人身安全和健康、设备和设施免遭破坏、环境免遭破坏的一些措施和活动，既包括对劳动者的保护，也包括对生产、财物、环境的保护，目的是为了保障生产活动正常进行。

从安全生产的内涵看，安全生产属于由社会科学和自然科学两个科学范畴相互渗透、相互交织构成的保护人和财产的政策性和技术性的综合学科。其中，社会科学部分研究立法、监察、组织、管理，自然科学部分研究防止事故发生，包括改善劳动条件、防止自然危害所必需的基础科学和应用科学。

（2）安全与生产的辩证关系

从安全生产的概念来看，安全生产无处不在。自人类社会存在以来，安全就伴随着生产而存在。安全生产是安全与生产的对立统一，是与文化、政治、经济和科技水平密切相关的，无限夸大安全生产与盲目忽视安全生产都是错误的。安全生产的宗旨是生产必须安全，安全促进生产。

（3）安全生产的意义

1）安全生产关系到人民群众生命和财产安全，生命安全是人民群众根本利益所在，各级人民政府及有关部门和企事业单位，都必须以对人民群众高度负责的精神，始终坚持"以人为本"的思想，把安全生产作为各项工作中的首要任务来抓。

2）安全生产关系到社会稳定的大局。如果一个地区、部门或单位的负责人只重视生产、经济工作，轻视安全工作，把安全生产和经济发展对立起来，必然造成安全事故频频发生，势必影响本单位、本部门、本地区，甚至整个社会的稳定。

3）安全生产直接关系经济的健康发展。安全生产是经济健康有序发展的前提和保障，没有安全做基础，生产经营活动就无法正常进行，也会不同程度地影响经济的发展。

3. 安全生产方针

我国的安全生产工作方针是"安全第一、预防为主、综合治理"。

2002年在《中华人民共和国安全生产法》（以下简称《安全生产法》）中第一次以法律形式将"安全第一，预防为主"确定为我国的安全生产工作方针，俗称为"安全生产八字方针"。2005年在《中共中央关于制定国民经济和社会发展的第十一个五年规划的建议》中，又将我国安全生产的工作方针补充为"安全第一、预防为主、综合治理"，俗称为"安全生产十二字方针"。安全生产工作方针有如下含义：

（1）坚持安全第一，必须以预防为主，实施综合治理；只有有效防范事故，综合治理隐患，才能把"安全第一"落到实处。

（2）"安全第一"是从保护和发展生产力的角度，表明在生产范围内安全与生产的关系；当安全与生产发生矛盾的时候，生产应该服从安全。

（3）"预防为主"是指在生产活动中，对生产要素采取管理、技术等措施，有效地控制不安全因素的发展与扩大，把可能发生的事故消灭在萌芽状态，以保证生产活动正常进行。

（4）安全生产是个系统过程，涉及社会的各个方面，只有构建"政府统一领导、部门依法监管、企业全面负责、群众参与监督、全社会广泛支持"的安全生产工作格局，采取综合措施才能达到安全生产的目的。

4. 安全生产的工作原则

根据安全生产的工作方针，安全生产工作应当坚持以下原则：

（1）"一票否决"原则。生产必须安全，不得从事没有安全保障的生产。

（2）"两管五同时"原则。安全与生产是一个有机的整体，管生产必须管安全，在计划、布置、检查、总结、评比生产工作的时候，同时计划、布置、检查、总结、评比安全工作。

（3）"三同时"原则。生产经营单位新建、改建、扩建工程项目的安全设施，必须与主体工程同时设计、同时施工、同时投入生产和使用。

（4）"四不放过"原则。安全生产事故的调查处理必须坚持"事故原因没有查清不放过；事故责任者没有严肃处理不放过；广大群众没有受过教育不放过；防范措施没有落实不放过"的原则。

5. 安全生产的要素

（1）安全文化即安全意识，是安全生产工作的永恒主题。安全生产工作要紧紧围绕"以人为本"这个中心，采取各种形式开展宣传教育，强化职工安全意识，提高从业人员安全素质，增强职工的自我保护意识和能力，做到不伤害自己、不伤害别人、不被别人所伤害。

（2）安全法制。用法律法规来规范企业和职工的安全行为，包括国家的立法、监督、执法，企业的建章立制、检查考核、经济奖罚、职位升降等。

（3）安全责任。建立安全生产责任制，明确企业、部门、政府的安全生产责任，建立一套行之有效的考核、奖罚制度。

在企业层面，安全生产责任制是企业岗位职责制的一个组成部分，是企业中最基本的一项安全制度，也是企业安全生产、劳动保护制度的核心。对企业，应该建立以法定代表人为第一责任人的安全生产责任制。对工程项目，应当建立以项目负责人为第一责任人的安全生产责任制。层层分解安全生产目标，明确部门、班组、岗位的安全生产职责，完善考核机制，奖罚分明，促进安全生产工作的落实。

（4）安全投入。安全投入是安全生产的基本保障，包括人力、财力和物力投入。安全生产最大的问题之一是安全生产投入不足。

（5）安全科技。运用先进的科技手段提高安全生产监控和防护水平。如施工现场安装的远程视频监控系统、消防烟雾探测自动喷淋系统、计算机网络管理系统等。

（二）建筑安全生产的特点

1. 建筑施工的特点

建筑施工生产活动的最终物质成果是建筑产品。建筑产品不同于其他产品，与其他产品生产过程存在诸多不同。

（1）固定性。建筑产品固定在一个地方制造，位置不能移动，绝大多数施工活动都在这个地点完成。

（2）庞大性。建筑产品与其他产品相比体形庞大。

（3）多样性。建筑产品的使用功能、外观形状各异，即使同一类的工程，也是千差万别的。

（4）总体性。建筑工程是由多个功能部分共同组成的，每个功能部分又是由许多建筑材料、半成品、成品加工、装配组合而成的。

这些特点还决定了建筑工程施工活动具有生产流动性大、露天交叉作业多、手工操作多和劳动强度大的特点。

2. 建筑施工对安全生产的影响

建筑产品的特点必然带来了施工生产的流动性、一次性、长期性、多边形等特性，这些特性又必然带来了安全生产的复杂性。

（1）施工生产的流动性。产品的固定性，必然带来生产的流动性，劳动者不但在建筑物各个部位移动工作，而且在不同的施工现场流动，作业环境在不断变化。在不熟悉的环境中作业，容易发生安全事故。

（2）施工生产的一次性。由于建筑产品的多样性，决定了施工生产具有一次性和单件性。这使施工生产无法像其他产品一样按同一模式进行完全重复性的作业，不能完全照搬过去的经验，使施工过程、工作环境呈多变状态。

（3）施工生产周期长。由于建筑产品具有总体性，因此建筑产品总体完成以后，体积庞大，结构复杂，有的高达几百米，有的长达几千米。要完成一个建筑产品所需要的时间，少则几周，多则几年甚至几十年。长期地、大量地投入人力、物力和财力，必然要经历较多的变量。这也使施工过程、工作环境呈多变状态。

（4）施工生产具有连续性。施工生产一旦开始，就要连续进行，轻易不中断。各阶段、各环节、各工种必须衔接协调，多工种、多工艺、多个作业面、多个高程交叉作业现象较普遍。在一个有限的场地、空间上集中了大量的人员、材料、机具、设备等进行作业，存在大量的噪声、热量和粉尘等有害介质，作业环境极其复杂，形成多个危险点，不安全因素较多。

（5）露天作业、高处作业多。建筑施工 70％以上为露天作业，90％以上为高处作业，导致施工现场不安全因素多。例如，露天作业受天气、温度等环境影响大，高温和严寒使得工人体力和注意力下降，雨雪天气还会导致工作面湿滑；高处作业容易导致高处坠落事故的发生等。

（6）体力劳动多。尽管建筑行业已经发展了几千年，但大多数工序至今仍然是手工操作，繁重的体力劳动较多。大量的人员在狭小的作业面施工，往往相互产生不利于安全的影响；单调的手工劳动和繁重的体力劳动容易使人疲劳、分散注意力、错误操作，从而导致事故发生。

（7）劳动者素质较低。由于建筑产品技术含量较低，对劳动者要求不高，因此建筑业相对于其他行业，劳动者的综合素质偏低。同时由于教育培训不到位，造成作业人员安全意识差、安全作业知识缺乏，违章作业现象时有发生。

二、建筑安全生产法规知识

建立健全安全生产的法规制度，是构建安全生产长效机制的前提条件之一。在法规制度的框架下，政府和企业采取有效措施，提高安全生产水平，降低事故发生概率，保障生产正常进行。建筑施工作业人员应当了解建筑安全生产法规知识，遵守安全生产规章制度，保护好自己，不伤害他人。

（一）我国的法律

1. 我国的法律体系

（1）法律

我国最高权力机关全国人民代表大会和全国人民代表大会常务委员会行使国家立法权，立法通过后，由国家主席签署主席令予以公布。因而，法律的级别是最高的。

法律一般都称为××法，如宪法、刑法、劳动合同法等。

（2）法律解释

是对法律中某些条文或文字的解释或限定，这些解释将涉及法律的适用问题。法律解释权属于全国人民代表大会常务委员会，其作出的法律解释同法律具有同等效力。

还有一种司法解释，即由最高人民法院或最高人民检察院作出的解释，用于指导各基层法院的司法工作。

（3）行政法规

是由国务院制定的，通过后由国务院总理签署国务院令公布。这些法规也具有全国通用性，是对法律的补充，在成熟的情况下会被补充进法律，其地位仅次于法律。

法规多称为条例，也可以是全国性法律的实施细则，如治安处罚条例、专利代理条例等。

（4）地方性法规、自治条例和单行条例

其制定者是各省、自治区、直辖市的人民代表大会及其常务委员会，相当于是各地方的最高权力机构。

地方性法规大部分称作条例，有的为法律在地方的实施细则，部分为具有法规属性的文件，如决议、决定等。地方法规的开头多贯有地方名字，如某直辖市食品安全条例、某省实施《中华人民共和国动物防疫法》办法等。

（5）规章

其制定者是国务院各部、委员会、中国人民银行、审计署和具有行政管理职能的直属机构，这些规章仅在本部门的权限范围内有效。如国家专利局制定的《专利审查指南》、国家食品药品监督管理局制定的《药品注册管理办法》等。

还有一些规章是由各省、自治区、直辖市和较大的市的人民政府制定的，仅在本行政区域内有效。如北京市人民政府关于修改《某省某管理规定》的决定、某省实施《中华人民共和国耕地占用税暂行条例》办法等。

2. 分级

宪法具有最高的法律效力，一切法律、行政法规、地方性法规、自治条例和单行条例、规章都不得同宪法相抵触，法律的效力高于行政法规、地方性法规、规章。行政法规的效力高于地方性法规、规章。地方性法规的效力高于本级和下级地方政府规章。省、自治区的人民政府制定的规章的效力高于本行政区域内的较大的市的人民政府制定的规章。

3. 意义

（1）行政行为是指行政主体为体现国家权力，行使的行政职权和履行的行政管理职责的一切具有法律意义、产生法律效果的行为。

（2）行政法应该遵循的原则很多，根据不同的层次，大体上可以分为三类：

第一类，是政治原则和宪法原则。这是我国行政法的最高原则，它规定行政法的发展方向，道路和根本性质。

第二类，是行政法的一般原则，也叫基本原则。这类原则位于政治原则和宪法原则之下。

第三类，是行政法的特别原则，这类原则是位于基本原则之下，产生于行政法并指导局部的行政法规范。例如行政诉讼不停止执行，被告负责举证责任。

4. 作用

（1）法律法规具有明示作用。法律法规的明示作用主要是以法律条文的形式明确告知人们，什么是可以做的，什么是不可以做的，哪些行为是合法的，哪些行为是非法的。违法者将要受到怎样的制裁等。这一作用主要是通过立法和普法工作来实现的。法律所具有的明示作用是实现知法和守法的基本前提。

（2）法律法规具有预防作用。对于法律法规的预防作用主要是通过法律法规的明示作用和执法的效力以及对违法行为进行惩治力度的大小来实现的。法律的明示作用可以使人们知晓法律而明辨是非，即在人们的日常行为中，什么是可以做的，什么是绝对禁止的，触犯了法律应受到的法律制裁是什么，违法后能不能变通，变通的可能性有多少等。这样人们在日常的具体活动中，根据法律的规定来自觉地调节和控制自己的思想和行为，从而来达到有效避免违法和犯罪现象发生的目的。严格、及时、有效的执法也可以警示人们，未违法，违法必受罚，受罚不可变通也。这样可以在每一个人的心底上建立起一道坚不可摧的思想行为防线。只有这样才能做到有令必行有禁必止，收到欲方则方、欲圆则圆的良好的规范效果。

（3）法律法规的校正作用，也称之为法律法规的规范作用。这一作用主要是通过法律的强制执行力来机械地校正社会行为中所出现的一些偏离了法律轨道的不法行为，使之回归到正常的法律轨道。像法律对一些触犯了法律的违法犯罪分子所进行的强制性的法律改造，使之违法行为得到了强制性的校正。

（4）法律法规具有扭转社会风气、净化人们心灵、净化社会环境的社会性效益。理顺、改善和稳定人们之间的社会关系，提高整个社会运行的效率和文明程度。作为一个真正的法制社会则是一个高度秩序、高度稳定、高度效率、高度文明的社会。这也是法制的最终目的和最根本性的作用。

5. 制裁

（1）指对违反法律规范将导致的法律后果的规定，如损害赔偿、行政处罚、经济制裁、判处刑罚等。

（2）法律规范的制裁部分在法律条文中有以下几种情况：1）有些法律明确地规定了制裁。如《中华人民共和国刑法》第187条："国家工作人员由于玩忽职守，致使公共财产、国家和人民利益遭受重大损失的，处五年以下有期徒刑或者拘役。"2）有些法律规范的制裁部分，规定在其他法律文件中。如违反《中华人民共和国选举法》的制裁，规定在《中华人民共和国刑法》第142条中。不论制裁部分怎样规定，法律规范一般都有制裁，因为制裁是保证法律规范实现的强制措施，是法律规范的一个标志。

6. 根据《中华人民共和国立法法》第78、79、80、82条，规范性文件的效力等级如下：

（1）宪法的效力高于法律、法规和规章。

（2）法律的效力高于行政法规、地方性法规和规章。

（3）行政法规的效力高于地方性法规、规章。

（4）地方性法规的效力高于本级和下级地方政府规章。

（5）省、自治区的人民政府制定的规章的效力高于本行政区域内的较大的市的人民政府制定的规章。

（6）部门规章的效力与地方性法规的效力没有高下之分。

两者发生冲突，由国务院提出意见，国务院认为应当适用地方性法规的，应当适用地方性法规；认为应当适用部门规章的，应当提请全国人大常委会裁决（《立法法》第86条）。

（7）省、自治区的人民政府制定的规章的效力与本行政区域内的较大的市的地方性法规没有高下之分。

（二）建筑安全生产法律法规体系

安全生产法律法规是指在调整生产过程中产生的，与劳动者安全、健康以及生产资料和社会财富安全保障有关的各种社会关系的法律规范的总和。安全生产法律是国家法律体系中的重要组成部分。全国人大、国务院及有关部委和地方人大、政府颁发的有关生产、职业安全卫生、劳动保护等方面的法律、法规、规章等，都属于安全生产法规的范畴。

目前，我国的安全生产法规已初步形成一个以《中华人民共和国宪法》（以下简称《宪法》）为依据、以《安全生产法》为主题，由有关法律、行政法规、地方法规和行政规章、技术标准所组成的综合体系。我国建筑安全生产法律法规体系分为以下几个层次：

1. 我国的基本大法——宪法

宪法是国家法律体系的基础和核心，确定了国家制度、社会制度和公民的基本权利和义务，具有最高法律效力，是其他法律的立法依据和基础。其他法律法规的制定必须服从宪法，不得同宪法相抵触，否则，就会被修改或废止。我国《宪法》规定："国家通过各种途径，创造劳动就业条件，加强劳动保护，改善劳动条件，并在发展生产的基础上，提高劳动报酬和福利待遇。"这是对安全生产方面最高法律效力的规定。

2. 法律

建筑法律是建筑法规体系的最高层次，具有最高法律效力。

目前我国颁布的建筑法律主要是《中华人民共和国建筑法》（以下简称《建筑法》），涉及安全生产的还有《安全生产法》、《中华人民共和国劳动法》（以下简称《劳动法》）等。

3. 行政法规

建筑法规是国务院根据有关法律授权条款和管理全国建筑行政工作的需要制定的。是对法律条款中涉及建筑活动的进一步细化。目前我国颁布的建筑安全生产法规主要有《建设工程安全生产管理条例》，涉及建筑安全生产的还有《特种设备安全检查条例》、《安全生产许可证条例》等。

4. 地方性法规

地方性法规包括以下两个层次：

（1）省、自治区、直辖市的人民代表大会及其常务委员会根据本行政区域的具体情况和实际需要，在不与宪法、法律、行政法规相抵触的前提下，制定的仅适用于本行政区域内的规范性文件。

（2）较大的市（指省、自治区的人民政府所在地的市，经济特区所在地的市和经国务院批准的较大的市）的人民代表大会及其常务委员会根据本市的实际情况和实际需要，在不与宪法、法律、行政法规和本省、自治区的地方性法规相抵触的前提下，制定的仅适用于本行政区域内的规范性文件，报省、自治区的人民代表大会常务委员会批准后施行。

根据本行政区建筑行政管理需要制定的行政法规，就是地方性行政法规，如《山东省建筑市场条例》、《上海市建筑市场管理条例》等。

5. 规章

规章按制定主体的不同可分为行政规章和地方性规章。

（1）行政规章，是指国务院所属部门根据法律和行政法规，在本部门的权限内制定、发布的规范性文件，也称部门规章。其法律地位和效力低于宪法、法律、行政法规。部门规章在全国行业、部门内具有约束力。

建设部门规章一般由住房与城乡建设部制定，并以建设部令的形式发布，如《建筑施工企业安全生产许可证管理规定》（建设部令第128号）、《建筑起重机械安全监督管理规定》（建设部令第 166 号）等。

（2）地方性规章，是省、自治区、直辖市的人民政府，省、自治区人民政府所在地的市的人民政府，根据法律、行政法规和本行政区的地方性法规制定的规范性文件。其法律地位和效力低于宪法、法律、行政法规和地方性法规。地方性建筑规章一般以省（市）政府令的形式发布，如《北京市建筑工程施工现场管理办法》（北京市人民政府令第 72 号）、《山东省建筑安全生产管理规定》（山东省人民政府令第 132 号）等。

6. 技术标准

技术标准是指规定强制执行的产品特性或其相关工艺和生产方法的文件，以及规定适用于产品、工艺或生产方法的专门术语、符号、包装、标志或标签要求的文件。在我国技术标准由标准主管部门以标准、规范、规程等形式颁布，也属于法规范畴。技术标准分为国家标准（GB）、行业标准、地方标准（DB）、企业标准（QB）等四个等级。国家标准、行业标准分为强制性标准和推荐性标准。保障人体健康，人身、财产安全的标准和法律、行政法规规定强制执行的标准是强制性标准，其他标准是推荐性标准。

（1）国家标准

国家标准是在全国范围内统一的技术要求，由国务院标准化行政主管部门制定、发布。强制性标准代号为"GB"，推荐性标准代号为"GB/T"。国家标准的编号由国家标准代号、国家标准发布顺序号及国家标准发布的年号组成。

如《塔式起重机安全规程》GB 5144—2006、《起重机用钢丝绳检验和报废实用规范》GB/T 5972—2006 等。

（2）行业标准

行业标准是在全国某个行业范围内统一的技术要求。行业标准由国务院有关行政主管部门制定、发布，并报国务院标准化行政主管部门备案。行业标准是对国家标准的补充，行业标准在相应国家标准实施后，应该自行废止。

建筑行业标准主要有：城市建设行业标准（CJ）、建材行业标准（JC）、建筑工业行业标准（JG）。现行工程建设行业标准代号在部分行业标准代号后加上第三个字母 J，行业标准的编号由标准代号、标准顺序号及年号组成。如《施工现场临时用电安全技术规范》JGJ 46—2005、《建筑施工门式钢管脚手架安全技术规范》JGJ 128—2010 和《冷轧扭钢筋》JG 190—2006 等。

（3）地方标准

地方标准又称区域标准，对没有国家标准和行业标准而又需要在辖区内统一的产品的安全、卫生要求，可以制定地方标准。

地方标准由省、自治区、直辖市标准化行政主管部门制定，并报国务院标准化行政主管部门和国务院有关行政主管部门备案。

（4）企业标准

企业标准是对企业范围内需要协调、统一的技术要求、管理要求和工作要求所制定的标准。企业标准由企业制定，由企业法人代表或法人代表授权的主管领导批准、发布。

（三）建筑安全生产主要法律法规和规章制度

1. 建筑安全生产主要法律

在法律层面上，《安全生产法》和《建筑法》是构建建筑安全生产法律法规的两大基础。此外，还有《劳动法》、《消防法》等也对建筑安全生产行为进行了规范。

（1）《建筑法》

《中华人民共和国建筑法》于 1997 年 11 月 1 日经第八届全国人民代表大会常务委员会第二十八次会议通过，1997 年 11 月 1 日中华人民共和国主席令第九十一号公布，自 1998 年 3 月 1 日起施行。《建筑法》是我国第一部规范建筑活动的部门法，主要规定了建筑许可、建筑工程发包承包、建筑安全生产管理、建筑工程质量管理及相应法律责任等方面的内容，对建筑工程质量

管理及相应法律责任等方面的内容，对建筑工程质量和施工安全作了较为系统的规范。

（2）《安全生产法》

《中华人民共和国安全生产法》于 2002 年 6 月 29 日经第九届全国人民代表大会常务委员会第二十八次会议通过，2002 年 6 月 29 日中华人民共和国主席令第七十号公布，自 2002 年 11 月 1 日起施行。《安全生产法》是我国第一部全面规范安全生产的专门法律，是我国安全生产的主体法，是各类生产经营单位及其从业人员实现安全生产所必须遵循的行为准则，是各级人民政府及其有关部门进行安全生产监督管理和行政执法的主要依据。该法明确了安全生产的运行机制和监管体制，确定了安全生产的基本法律制度，明确了对安全生产负有责任的各方主体和从业人员的权利、义务，以及应承担的法律责任。

（3）《劳动法》

《中华人民共和国劳动法》于 1994 年 7 月 5 日经第八届全国人民代表大会常务委员会第八次会议通过，1994 年 7 月 5 日中华人民共和国主席令第二十八号发布，自 1995 年 1 月 1 日起施行。《劳动法》对用人单位必须建立健全劳动安全卫生制度，严格执行国家劳动安全卫生规程和标准，对劳动者进行劳动安全卫生教育，提供劳动安全卫生条件和必要的劳动防护用品，防止劳动过程中的事故，减少职业危害以及劳动者的权利和义务等方面进行了规范。

（4）《刑法》

《中华人民共和国刑法》于 1979 年 7 月 1 日经第五届全国人民代表大会第二次会议通过，1997 年 3 月 14 日第八届全国人民代表大会第五次会议修订。根据 2009 年 2 月 28 日第十一届全国人民代表大会常务委员会第七次会议通过的《中华人民共和国刑法修正案（七）》，在建筑活动中违反有关法律法规，造成严重安全生产后果的，应当根据《刑法》第 134、135、136、137、139条承担相应的刑事责任。

（5）《消防法》

《中华人民共和国消防法》于 1998 年 4 月 29 日由第九届全国人民代表大会常务委员会第二次会议通过，中华人民共和国主席令第四号发布，2008 年 10 月 28 日经第十一届全国人民代表大会常务委员会第五次会议修订，自 2009 年 5 月 1 日起施行。该法从消防设计、审核、建筑构件和建筑材料的防火性能、消防设施的日常管理到工程建设各方主要履行的消防责任和义务逐一进行了规范。如禁止在具有火灾、爆炸危险的场所吸烟、使用明火；因施工等特殊情况需要使用明火作业的，应当按照规定事先办理审批手续，采取相应的消防安全措施；进行电焊、气焊等具有火灾危险作业的人员和自动消防系统的操作人员，必须持证上岗等。

涉及建筑安全生产的其他法律还有：《中华人民共和国环境保护法》、《中华人民共和国环境噪声污染防治法》、《中华人民共和国固体废物污染环境防治法》和《中华人民共和国大气污染防治法》等。

2. 建筑安全生产主要法规

在行政法规层面上，《建设工程安全生产管理条例》和《安全生产许可证条例》是建筑安全生产法规体系中主要的行政法规。

（1）《建设工程安全生产管理条例》

《建设工程安全生产管理条例》于 2003 年 11 月 12 日国务院第 28 次常务会议通过，2003 年 11 月 24 日国务院令第 393 号发布，自 2004 年 2 月 1 日起施行。《建设工程安全生产管理条例》是我国第一部关于建筑安全生产管理的行政法规，是《建筑法》、《安全生产法》等法律在建设领域的具体实施。

该条例较为详细地规定了工程建设各方主体的安全生产责任，以及政府部门对建设工程安全生产实施监督管理的责任等。

1）明确了"安全第一、预防为主"的建设工程安全生产管理方针。

2）规定了建设单位、勘察单位、设计单位、施工单位、工程监理单位以及设备材料供应单位、机械设备租赁单位、起重机械和整体提升脚手架、模板等自升式架设设施的安装、拆卸单位等与建设工程安全生产有关的单位应承担的相应安全生产责任。

3）确立了建设工程安全生产的十三项基本管理制度。其中，涉及政府部门的安全生产监管制度有七项，即依法批准开工报告的建设工程和拆除工程备案制度、三类人员考核升职制度、特种作业人员持证上岗制度、施工起重机械使用登记制度、政府安全监督检查制度、危及施工安全工艺、设备、材料淘汰制度和生产安全事故报告制度。涉及施工企业的安全生产制度有六项，即安全生产责任制度、安全生产教育培训制度、专项施工方案专家论证审查制度、施工现场消防安全责任制度、意外伤害保险制度和生产安全事故应急救援制度。

（2）《安全生产许可证条例》

《安全生产许可证条例》于 2004 年 1 月 7 日经国务院第三十四次常务会议通过，2004 年 1 月 13 日国务院令第 397 号发布施行。该条例确立了企业安全生产的准入制度，对矿山企业、建筑施工企业和危险化学品、烟花爆竹、民用爆破器材生产企业实行安全生产许可制度。

涉及建筑安全生产的其他法规还有《特种设备安全监察条例》、《生产安全事故报告和调查处理条例》、《国务院关于特大安全事故行政责任追究的规定》。其中，《特种设备安全监察条例》对特种设备的生产、使用、检验检测和监督检查、事故预防、调查处理和法律责任等方面作了相应规定；《生产安全事故报告和调查处理条例》对生产安全事故的等级、报告、调查和处理等方面作了相应规定。

3. 建筑安全生产主要部门规章和规范性文件

（1）《建筑起重机械安全监督管理规定》

《建筑起重机械安全监督管理规定》于 2008 年 1 月 8 日经建设部第 145 次常务会议通过，建设部令第 166 号发布，自 2008

年6月1日起施行。该规定对建筑起重机械的购置、租赁、安装、拆卸、使用及监督管理等环节作了规定，建立了设备的购置、报废、产权备案、安装拆卸告知和使用登记等制度，明确了起重机械设备安装、使用单位和工程总承包单位、工程监理单位的安全生产责任。

（2）《关于进一步加强安全生产工作的决定》的意见

2004年1月9日，国务院发布了《关于进一步加强安全生产工作的决定》（国发〔2004〕2号）。

三、建筑施工安全生产管理制度

（一）施工现场安全管理的基本要求

1. 取得安全生产许可证后方可组织施工

按照《安全生产许可证条例》的规定，企业取得安全生产许可证，应当具备下列条件：

（1）建立健全安全生产责任制，制定完备的安全生产规章制度和操作规程；

（2）安全投入符合安全生产要求；

（3）设置安全生产管理机构，配备专职安全生产管理人员；

（4）主要负责人和安全生产管理人员经考核合格；

（5）特种作业人员经有关业务主管部门考核合格，取得特种作业操作资格证书；

（6）从业人员经安全生产教育培训并考核合格；

（7）依法参加工伤保险，为从业人员交纳保险费；

（8）厂房、作业场所和安全设施、设备、工艺符合有关安全生产法律、法规、标准和规程的要求；

（9）有职业危害防治措施，并为从业人员配备符合国家标准或者行业标准的劳动保护防护用品；

（10）依法进行安全评价；

（11）有重大危险源检测、评估、监控措施和应急预案；

（12）有生产安全事故应急救援预案、应急救援组织或者应急救援人员，配备必要的应急救援器材、设备；

（13）法律、法规规定的其他条件。

施工单位在施工前，应备齐相关的文件和资料，按照分级管理的规定，向安全生产许可证颁发管理机关申请领取安全生产许可证，未取得安全生产许可证前，不能组织施工。

2. 必须建立健全安全管理保障制度

施工单位应建立健全以下几种基本的安全管理保障制度：

（1）健全安全生产有关制度

安全生产有关制度包括安全生产责任制度和安全生产教育培训制度，制定安全生产规章制度和操作规程，保证安全生产资金投入制度，安全检查制度等。

（2）特种作业人员持证上岗制度

垂直运输机械作业人员、起重机械安装拆卸工、爆破作业人员、起重信号工、登高架设作业人员等特种作业人员，必须按照国家有关规定经过专门的安全作业培训，并取得特种作业操作资格证书后，方可上岗作业。

（3）专项工程专家论证制度

施工单位在施工组织设计中编制安全技术措施和施工现场临时用电方案时，对达到一定规模的危险性较大的分部分项工程编制专项施工方案。

（4）消防安全责任制度

施工现场应按有关规定，建立消防安全责任制度，确定消防安全责任人，制定用火、用电、使用易燃易爆材料等各项消防安全管理制度和操作规程。

（5）施工单位管理人员考核任职制度

施工单位的主要负责人、专职安全生产管理人员应当经建设行政主管部门或者其他有关部门考核合格后方可任职。

（6）施工自升式架设设施使用登记制度

施工起重机械和整体提升脚手架、模板等自升式架设设施应按有关规定，向建设行政主管部门或者其他有关部门登记。

（7）意外伤害保险制度

施工单位应当为施工现场从事危险作业的人员办理意外伤害保险。意外伤害保险费由施工单位支付。实行施工总承包的，由总承包单位支付意外伤害保险费。意外伤害保险期限自建设工程开工之日起至竣工验收合格止。

（8）危及施工安全工艺、设备、材料淘汰制度

对严重危及施工安全的工艺、设备、材料要按国家现行规定实行淘汰制度。

（9）生产安全事故应急救援制度

施工单位应当制定本单位生产安全事故应急救援预案，建立应急救援组织或者配备应急救援人员，配备必要的应急救援器材、设备，并定期组织演练。

（10）生产安全事故报告制度

现场发生事故时，要及时、如实地向上级主管部门报告。

3. 各类管理施工人员必须具备相应的安全生产资格方可上岗

施工单位的项目负责人应当由取得相应执业资格的人员担任。其他各类管理和施工人员均应经过相应的培训，并取得资格证书后，方可上岗。外包施工人员必须经过三级安全教育。

4. 对查出的事故隐患要做到"四定"

"定整改责任人、定整改措施、定整改成完时间、定整改验收人"，切实将事故隐患消灭在萌芽状态。

5. 把好安全生产"七关"

安全生产"七关"即安全生产教育关、安全措施关、安全交底关、安全防护关、文明施工关、安全验收关和安全检查关。

6. 建立安全值班制度

施工单位机关和施工现场必须建立安全生产值班制度，配备专职的安全值班人员，每班必须有领导带班。

（二）安全生产管理制度

1. 安全生产责任制度

安全责任制度是建筑施工企业最基本的安全生产管理制度，是按照"安全第一、预防为主、综合治理"的安全生产方针和

"管生产必须管安全"的原则，将企业各级负责人、各职能机构及其工作人员和各岗位作业人员在安全生产方面应做的工作及应负的责任加以明确规定的一种制度。安全生产责任制度是建筑施工企业所有安全规章制度的核心。

特种作业人员应当遵守安全生产规章制度，服从管理，坚守岗位，遵照操作规程操作，不违章作业，对本工作岗位的安全生产、文明施工负主要责任。特种作业人员安全生产责任制主要包括以下内容：

（1）认真贯彻、执行国家和省市有关建筑安全生产的方针、政策、法律法规、规章、标准规范和规范性文件；

（2）认真学习、掌握本岗位的安全操作技能，提高安全意识和自我保护能力；

（3）严格遵守本单位的各项安全生产规章制度；

（4）遵守劳动纪律，不违章作业，拒绝违章指挥；

（5）积极参加本班组的班前安全活动；

（6）严格按照操作规程和安全技术交底进行作业；

（7）正确使用安全防护用具、机械设备；

（8）发生生产安全事故后，保护好事故现场，并按照规定的程序及时如实报告。

2. 安全生产教育培训制度

施工单位应当建立健全安全生产教育培训制度。特种作业人员应严格执行安全生产教育培训制度，按规定接受下列培训教育：

（1）三级教育

建筑施工企业对新进场工人进行的安全生产基本教育，包括公司级安全教育（第一级教育）、项目级安全教育（第二级教育）和班组级安全教育（第三级教育），俗称"三级教育"。新进场的特种作业人员必须接受"三级"安全教育培训，并经考核合格后，方能上岗。

1）公司级安全教育，由公司安全教育部门实施，应包括以下主要内容：

①国家和地方有关安全生产方面的方针、政策及法律法规；

②建筑行业施工特点及施工安全生产的目的和重要意义；

③施工安全、职业健康和劳动保护的基本知识；

④建筑施工人员安全生产方面的权利和义务；

⑤本企业的施工生产特点及安全生产管理规章制度、劳动纪律。

2）项目级安全教育，由工程项目部组织实施，应包括以下主要内容：

①施工现场安全生产和文明施工规章制度；

②工程概况、施工现场作业环境和施工安全特点；

③机械设备、电气安全及高处作业的安全基本知识；

④防火、防毒、防尘、防爆基本知识；

⑤常用劳动防护用品佩戴、使用的基本知识；

⑥危险源、重大危险源的辨识和安全防范措施；

⑦生产安全事故发生时自救、排险、抢救伤员、保护现场和及时报告等应急措施；

⑧紧急情况和重大事故应急预案。

3）班组级安全教育，由班组长组织实施，应包括以下主要内容：

①本班组劳动纪律和安全生产、文明施工要求；

②本班组作业环境、作业特点和危险源；

③本工种安全技术操作规程及基本安全知识；

④本工种涉及的机械设备、电气设备及施工机具的正确使用和安全防护要求；

⑤采用新技术、新工艺、新设备、新材料施工的安全生产知识；

⑥本工种职业健康要求及劳动防护用品的主要功能、正确佩戴和使用方法；

⑦本班组施工过程中易发事故的自救、排险、抢救伤员、

保护现场和及时报告等应急措施。

（2）年度安全教育培训

特种作业人员应参加年度安全教育培训，培训时间不少于24学时。其教育培训情况记入个人工作档案。安全生产教育培训考核不合格的人员，不得上岗。

（3）经常性安全教育

建筑施工企业应坚持开展经常性安全教育，经常性安全教育宜采用安全生产讲座、安全生产知识竞赛、广播、播放视频、文艺演出、简报、通报、黑板报等形式，在施工现场设置安全教育宣传栏、张挂安全生产宣传标语。特种作业人员应积极参加和接受经常性的安全教育。

（4）转场、转岗安全教育培训

作业人员进入新的施工现场前，施工单位必须根据新的施工作业特点组织开展有针对性的安全生产教育，使作业人员熟悉新项目的安全生产规章制度，了解工程项目特点和安全生产应注意的事项。

作业人员进入新的岗位作业前，施工单位必须根据新岗位的作业特点组织开展有针对性的安全生产教育培训，使作业人员熟悉新岗位的安全操作规程和安全注意事项，掌握新岗位的安全操作技能。

（5）新技术、新工艺、新材料、新设备安全教育培训

采用新技术、新工艺、新材料或者使用新设备的工程，施工单位应当充分了解与研究，掌握其安全技术特性，有针对性地采取有效的安全防护措施，并对作业人员进行教育培训。特种作业人员应接受相应的教育培训，掌握新技术、新工艺、新材料或者新设备的操作技能和施工防范知识。

（6）季节性安全教育

季节性施工主要是指夏期与冬期施工。季节性安全教育是针对气候特点可能给施工安全带来危害而组织的安全教育，例如在高温、严寒、台风、雨雪等特殊气候条件下施工时，建筑施工企

业应结合实际情况，对作业人员进行有针对性的安全教育。

（7）节假日安全教育

节假日安全教育是针对节假日期间和前后，职工的工作情绪不稳定，思想不集中，注意力分散，为防止职工纪律松懈、思想麻痹等进行的安全教育。同时，对节日期间施工、消防、生活用电、交通、社会治安等方面应当注意的事项进行告知性教育。

3. 班前活动制度

施工班组在每天上岗前进行的安全活动，称为班前活动。建筑施工企业必须建立班前安全活动制度。施工班组应每天进行班前安全活动，填写班前安全活动记录表。班前安全活动由组长组织实施。班前安全活动应包括以下主要内容：

（1）前一天安全生产工作小结，包括施工作业中存在的安全问题和应吸取的教训。

（2）当天工作任务及安全生产要求，针对当天的作业内容和环节、危险部位和危险因素、作业环境和气候情况提出安全生产要求。

（3）班前的安全教育，包括项目和班组的安全生产动态、国家和地方的安全生产形势、近期安全生产事件及事故案例教育。

（4）岗前安全隐患检查及整改，具体检查机械、电气设备、防护设施、个人安全防护用品、作业人员的安全状态。

4. 安全专项施工方案编制和审批制度

所谓建筑工程安全专项施工方案，是指建筑施工过程中，施工单位在编制施工组织（总）设计的基础上，对危险性较大的分部分项工程，依据有关工程建设标准、规范和规程，单独编制的具有针对性的安全技术措施文件。

达到一定规模的危险性较大的分部分项工程以及涉及新技术、新工艺、新设备的工程，因其复杂性和危险性，在施工过程中易发生事故，导致重大人身伤亡或不良社会影响。

（1）安全专项施工方案的编制范围

1）临时用电设备在 5 台及以上或设备总容量在 50kW 及以上的施工现场临时用电工程。

2）开挖深度超过 3m 或地质条件和周边环境复杂的基坑（槽）支护、降水、土方开挖等工程。

3）模板工程及支撑体系

① 大模板、滑模、爬模、飞模等工具式模板工程。

② 混凝土模板支撑工程：搭设高度 5m 及以上，搭设跨度 10m 及以上，施工总荷载 10kN/m² 及以上，集中线荷载 15kN/m 及以上，高度大于支撑水平投影宽度且相对独立无联系构件的混凝土模板支撑工程。

③ 承重支撑体系：用于钢结构安装等满堂支撑体系。

4）起重吊装及安装拆卸工程

① 采用非常规起重设备、方法，且单件起吊重量在 10kN 及以上的起重吊装工程。

② 采用起重机械进行安装的工程。

③ 起重机械设备自身的安装、拆卸。

5）脚手架工程

① 搭设高度 24m 及以上的落地式钢管脚手架工程。

② 附着式整体和分片提升脚手架工程。

③ 悬挑式脚手架工程。

④ 吊篮脚手架工程。

⑤ 自制卸料平台、移动操作平台工程。

⑥ 新型及异形脚手架工程。

6）建筑物、构筑物拆除工程。

7）其他

① 建筑幕墙安装工程。

② 钢结构、网架和索膜结构安装工程。

③ 人工挖扩孔桩工程。

④ 地下暗挖、顶管及水下作业工程。

⑤ 预应力工程。

⑥ 采用新技术、新工艺、新材料、新设备及尚无相关技术标准的危险性较大的分部分项工程。

（2）专家论证的安全专项施工方案范围

有些工程由于技术十分复杂，施工难度较大，一般的安全技术方案仍然不能保证施工安全，需要请专家对方案进行论证审查。下列危险性较大的分部分项工程，应由工程技术人员组成的专家组对安全专项施工方案进行论证、审查。

1）开挖深度超过 5m，或者地质条件、周围环境和地下管线复杂，以及影响毗邻建（构）筑物安全的基坑（槽）的土方开挖、支护、降水工程。

2）模板工程及支撑体系

① 滑模、爬模、飞模等工具式模板工程。

② 混凝土模板支撑工程：搭设高度 8m 及以上；搭设跨度 18m 及以上，施工总荷载 15kN/m^2 及以上；集中线荷载 20kN/m 及以上。

③ 承重支撑体系：用于钢结构安装等满堂支撑体系，承受单点集中荷载 7kN 以上。

3）起重吊装及安装拆卸工程

① 采用非常规起重设备、方法且单件起吊重量在 100kN 及以上的起重吊装工程。

② 起重量 300kN 及以上的起重设备安装工程；高度 200m 及以上内爬起重设备的拆除工程。

4）脚手架工程

① 搭设高度 50m 及以上落地式钢管脚手架工程。

② 提升高度 150m 及以上附着式整体和分片提升脚手架工程。

③ 架体高度 20m 及以上悬挑式脚手架工程。

5）拆除、爆破工程

① 采用爆破拆除的工程。

② 码头、桥梁、高架、烟囱、水塔或拆除中容易引起有毒

有害气（液）体或粉尘扩散、易燃易爆事故发生的特殊建（构）筑物的拆除工程。

③ 可能影响行人、交通、电力设施、通信设施或其他建（构）筑物安全的拆除工程。

④ 文物保护建筑、优秀历史建筑或历史文化风貌区控制范围的拆除工程。

6）其他

① 施工高度 50m 及以上的建筑幕墙安装工程。

② 跨度大于 36m 及以上的钢结构安装工程；跨度大于 60m 及以上的网架和索膜结构安装工程。

③ 开挖深度超过 16m 的人工挖孔桩工程。

④ 地下暗挖工程、顶管工程、水下作业工程。

⑤ 采用新技术、新工艺、新材料、新设备及尚无相关技术标准的危险性较大的分部分项工程。

（3）专项方案编制的内容

1）工程概况：危险性较大的分部分项工程概况、施工平面布置、施工要求和技术保证条件。

2）编制依据：相关法律、法规、规范性文件、标准、规范及图纸（国家标准图集）、施工组织设计等。

3）施工计划：包括施工进度计划、材料与设备计划。

4）施工工艺技术：技术参数、工艺流程、施工方法、检查验收等。

5）施工安全保证措施：组织保障、技术措施、应急预案、监测监控等。

6）劳动力计划：专职安全生产管理人员、特种作业人员等。

7）计算书及相关图纸。

（4）安全专项施工方案的编制

建筑工程实行施工总承包的，安全专项方案应当由施工总承包单位组织编制。其中，起重机械安装拆卸工程、深基坑工程、附着式升降脚手架等专业工程实行专业分包的，其专项方案可由专业承包单位组织编制。

（5）安全专项施工方案的审批

安全专项方案应当由施工单位技术部门组织本单位施工技术、安全、质量等部门的专业技术人员进行审核。经审核合格的，由施工单位技术负责人签字。实行施工总承包的，专项方案应当由总承包单位技术负责人及相关专业承包单位技术负责人签字。不需专家论证的安全专项方案，经施工单位审核合格后报监理单位，由项目总监理工程师审核签字。

（6）安全专项施工方案的专家论证

超过一定规模的危险性较大的分部分项工程专项方案应当由施工单位组织召开专家论证会。实行施工总承包的，由施工总承包单位组织召开专家论证会。专家组一般由5名以上专家组成，本项目参建各方的人员一般不以专家身份参加专家组。

施工单位应当根据论证报告修改完善专项方案，并经施工单位技术负责人、项目总监理工程师、建设单位项目负责人签字后，方可组织实施。实行施工总承包的，应当由施工总承包单位、相关专业承包单位技术负责人签字。

5. 安全技术交底制度

安全技术交底是指将预防和控制安全事故发生及减少其危害的安全技术措施以及工程项目、分部分项工程概况向作业班组、作业人员作出的说明。安全技术交底制度是施工单位预防违章指挥、违章作业和伤亡事故发生的一种有效措施。

（1）安全技术交底的程序和要求

施工前，施工单位的技术人员应当将工程项目、分部分项工程概况以及安全技术措施要求向施工作业班组、作业人员进行安全施工交底，使其掌握各自岗位职责和安全操作方法。安全技术交底应符合下列要求：

1）施工单位负责项目管理的技术人员向施工班组长、作业人员进行交底。

2）交底必须具体、明确、针对性强。

3）各工种的安全技术交底一般与分部分项安全技术交底同步进行，对施工工艺复杂、施工难度较大或作业条件危险的，应当单独进行各工种的安全技术交底。

4）交接底应当采用书面形式，交接底双方应当签字确认。

（2）安全技术交底的主要内容一般有：

1）工程项目和分部分项工程的概况。

2）工程项目和分部分项工程的危险部位。

3）针对危险部位采取的具体防范措施。

4）作业中应注意的安全事项。

5）作业人员应遵守的安全操作规程、工艺要点。

6）作业人员发现事故隐患后应采取的措施。

7）发生事故后采取的避险和急救措施。

（三）施工现场安全管理主要方式

随着安全科学技术的发展，施工现场安全管理需要科学、合理、有效的现代安全管理方法和技术。现代安全管理是实现现代安全生产和安全生活的必经之路。

1. 安全管理方法

对于施工现场的管理模式有传统的事后型管理模式和现代的预期型模式。

事后型管理模式的安全管理等同于事故管理，是一种被动的对策，即在事故或灾难发生后进行整改，以避免同类事故再发生的一种对策。这种模式属"纯反应型"，侧重于对已经发生事故的调查分析和处理，是一种"静态管理"，信息交流与反馈不畅通；定性概念多，凭经验直观处理安全问题，就事论事多；没有把安全与经济效益挂起钩来，缺乏安全经济与危险损失率的研究；侧重于追究人的操作失误的责任，片面强调"违章作业"，忽视创造本质安全的条件。这种对策模式遵循如下技术步骤：事故或灾难发生——调查原因——分析主要原因——提出整改对策——实施对策——进行评价——新的对策。

预期型模式是一种主动、积极地预防事故或灾难发生的对策，是现代安全管理和减灾对策的重要方法和模式。预期型模式属"预见型"，对可能发生的事故进行预测和预防；属"动态管理"，利用信息的交流与反馈指导安全管理；定量与定性分析相结合，以系统的观念对生产系统进行安全分析；重视安全价值准则，把安全与生产、安全与效益结合起来；重视人、机、环境的关系和本质安全，把人既看成管理的对象，又看成管理的动力。其基本的技术步骤是：提出安全或减灾目标——分析存在的问题——找出主要问题——制定实施方案——落实方案——评价——新的目标。

显然，紧紧围绕事故本身做文章，安全管理的效果是有限的，只有强化对隐患的控制，消除危险，事故的预防才高效。因此，施工现场的安全管理要变传统的纵向单因素安全管理为现代的横向综合安全管理；变传统的事故管理为现代的事件分析与隐患管理（变事后型为预防型）；变传统的、被动的安全管理对象为现代的安全管理动力；变传统的、静态安全管理为现代的动态安全管理；变过去只顾生产经济效益的安全辅助管理为现代的效益、环境、安全与卫生的综合效果的管理；变传统的被动、辅助、滞后的安全管理程式为现代主动、本质、超前的安全管理程式；变传统的外迫型安全指标管理为内激型的安全目标管理（变次要因素为核心事业）。

施工现场现代安全管理就是对生产活动中的人、物、能力、信息四要素进行综合管理、全面协调管理。常见的主要方法如下：

（1）安全目标法。安全目标就是努力控制危险源，把严重事故发生的可能性降到最低，或者万一发生事故，将造成的人员伤亡和财产损失减到最少。

（2）安全标准化。企业具有健全的安全生产责任制、安全生产规章制度和安全操作规程，各生产环节和相关岗位的安全工作，符合法律、法规、法章、规程等规定，达到和保持规定的标准。

（3）运动模式。PDCA法（计划、实施、检查、改进）是国际上较新的管理模式。

2. 安全管理手段和程序

（1）落实安全责任、实施责任管理

1）建立、完善以项目经理为首的安全生产领导组织，有组织、有领导地开展安全管理活动。承担组织、领导安全生产的责任。

2）建立各级人员安全生产责任制度，明确各级人员的安全责任。抓制度落实、抓责任落实，定期检查安全责任落实情况，及时报告。

3）施工项目应通过监察部门的安全生产资质审查，并得到认可。

4）施工项目经理部负责施工生产中物的状态审验与认可，承担物的状态漏验、失控的管理责任，接受由此而出现的经济损失。

（2）安全教育与训练

进行安全教育与训练，能增强人的安全生产意识，提高安全生产知识，有效地防止人的不安全行为，减少人的失误。

（3）安全检查

安全检查是发现不安全行为和不安全状态的重要途径，是消除事故隐患、落实整改措施，防止事故伤害、改善劳动条件的重要方法。安全检查的内容主要是查思想、查管理、查制度、查现场、查隐患、查事故处理。

（4）作业标准化

在操作者产生的不安全行为中，因不知正确的操作方法、为了干得快而省略了必要的操作步骤、坚持自己的操作习惯等所占的比例很大。按科学的作业标准规范人的行为，有利于控制人的不安全行为，减少人为失误。

（5）生产技术与安全技术的统一

生产技术工作是通过完善生产工艺过程、完备生产设备、规范工艺操作，发挥技术的作用，保证生产顺利进行的。包含了安全技术在保证生产顺利进行的全部职能和作用。两者的实施目标虽各有侧重，但工作的目的完全统一在保证生产顺利进行、实现效益这一共同的基点上。生产技术、安全技术的统一，体现了安全生产责任制的落实，具体地落实"管生产同时管安全"的管理原则。

（6）正确对待事故的调查与处理

事故是违背人们意愿，且又不希望发生的事件。一旦发生事故，不能以违背人们意愿为理由予以否定。关键在于对事故的发生要有正确认识，并用严肃、认真、科学、积极的态度，处理好已发生的事故，尽量减少损失。采取有效措施，避免同类事故重复发生。

四、个人安全防护用品使用

（一）个人防护用品管理法规

《个人防护用品管理办法》

1. 总则

（1）为了确保进入施工现场的工作人员佩戴满足工作要求的合格的个人安全防护用品，保障人身安全和健康，特制定本办法。

（2）本办法明确了个人防护用品的使用场所、配备和使用要求。

（3）本办法适用于公司所有项目施工过程对个人防护用品的管理。

（4）下列文件中的条款通过本办法的引用而成为本办法的条款。凡是注日期的引用文件，其随后所有的修改单（不包括勘误的内容）或修订版均不适用于本办法。凡是不注日期的引用文件，其最新版本适用于本办法。

《劳动防护用品配备标准（试行）》[国经贸安全（2000）189号]

2. 职责

（1）HSE 部

负责对个人防护用品管理办法的制定和修订；监督、检查各参建单位的个防护用品的配备和使用情况。

（2）现场项目部

为进场人员配备个人防护用品；培训作业人员正确使用个人

防护用品；监督、检查进入施工现场的人员使用个人防护用品的情况。

3. 个人防护用品的使用

（1）个人防护用品是作业人员进行项目现场必需的基本防护装备，项目强制要求的最基本的个人防护用品包括：安全帽、防砸防穿刺安全鞋和合格的工作服，在特殊的场所作业人员还应穿戴相应的个人劳动防护用品。

1）基本着装要求

作业人员进入现场除了穿戴安全帽、安全鞋等个人防护用品外，还要穿着保护身体和四肢的工作服或防护服。对于进入项目现场的所有人员，作出如下的着装要求：

① 必须穿着本单位统一发放的至少能保护身体和四肢的工作服；

② 有触电、烧伤、灼伤、化学腐蚀性伤害、皮肤吸收过敏源和毒素等危害场所，必须穿着相应的防护服；

③ 禁止穿无袖的上衣、短裤；

④ 不得穿着宽松衣服，宽松衣服可能接触或缠住带电导体、运动部件、设备或诸如此类的其他危险源；

⑤ 建议穿着天然纤维（纯棉）的衣服，可以适当降低中暑风险；

⑥ 禁止在有缠住运动部件或接触带电导体的危险情况下戴戒指、项链、手镯等饰物；

⑦ 进入施工区域前，长发必须扎于安全帽内，使用发网，不得外露。

2）头部与脚部的保护

安全帽保护头部免遭坠落物体和飞溅体的伤害并能提供一定的电击和烧伤防护。除下列情况之外，在施工区的所有时间均应佩戴安全帽：

① 全封闭式仓内工作；

② 规定区域内午餐和休息期间（且在紧邻区域内无工作开

展）；

③ 现场办公室内。

进入项目现场均需穿戴经批准的至少具有防砸防穿刺功能的安全鞋。在可能产生电击或腐蚀性场所，穿戴绝缘或耐腐蚀性的脚部保护用品。施工需要穿雨鞋时，雨鞋具备防砸防穿刺功能。

3）眼睛保护和面部保护

在有飞溅物的工作环境或进行产生飞溅物的作业，可能存在眼部伤害、面部伤害风险或两者风险皆有，应使用有效的眼部防护设施（如防护眼镜）、面部防护设施（如防护面罩）。

进行金属打磨、金属机械切割作业佩带面部防护设施；进行电弧焊作业佩戴焊接面罩；接触液态化学品、高温气体、低温液体的作业佩戴防护面罩；使用高压水枪进行作业佩戴防护面罩。

进行下述作业时，正确使用眼部防护设施（包括但不限于）：

① 使用粉碎设备作业；

② 凿削/钻孔作业；

③ 锤击作业；

④ 采用圆盘锯或电锯进行切割或采用其他绷紧装置进行切割；

⑤ 除金属打磨作业以外的其他打磨作业；

⑥ 使用含有注射剂或其他研磨料的压缩空气、水或其他液体（溶液）进行喷射或清理作业；

⑦ 粉尘环境；

⑧ 喷漆作业；

⑨ 任何其他产生飞溅的作业。

喷砂作业等特殊作业的面部、眼部防护措施按照国家有关规定执行。

4）听力保护

噪声值超过85dB时，佩戴听力保护装置，作业单位要配置耳塞或耳罩。

作业人员在下述情况下要使用听力保护装置（包括但不限

于）：

① 操作或靠近切割金属、混凝土或其他硬质材料的电锯、切割机；

② 受限空间内进行打磨作业；

③ 吹扫作业。

5）呼吸保护

暴露于有害浓度的毒性或有毒粉尘、烟、雾或气体环境的所有人员，承包商要为其提供满足使用要求的呼吸保护用具。

呼吸保护用具包括但不限于：正压式空气呼吸器（包括供风、供气瓶）、过滤式防尘（毒）面具、口罩。在有毒有害气体环境应使用隔离式的空气呼吸器。呼吸保护用具按照作业人员可能暴露的有害物进行选择。

呼吸保护用具按照制造厂的要求和呼吸保护要求进行正确的使用、储藏、检查、维修和更换。

6）手部保护

承包商向其作业人员提供符合要求的手部保护用品，并监督作业人员正确使用、储存和保养。

作业人员暴露于下述的有害环境时使用手部保护用品（包括但不限于）：

① 酸碱作业或可能吸收有害物的作业；

② 可能引起撕裂、磨损、穿孔、刺伤的作业；

③ 高温和低温作业；

④ 设备安装、维修作业；

⑤ 带电作业或电气作业有要求时；

⑥ 来自设备的振动；

⑦ 作业环境需要或 HSE（健康、安全与环境管理体系）人员要求时。

7）坠落防护

按照国家坠落防护标准的要求，在超过 2m 的高处作业（没有足够牢固的围栏防护）和存在坠落伤害风险的区域作业时，应佩戴安全带。

承包商为作业人员配置安全带。安全带为全身式双绳双大钩，满足作业人员移动中防坠落的安全要求。

8）专用保护设备

① 存在溺水危险环境进行作业，作业人员应穿戴救生衣（个人用漂浮装置），应急救援配置救生圈、橡皮筏等。

② 高压电力系统区域作业时，配备和使用符合安全要求的绝缘安全帽、绝缘靴、绝缘胶垫等电气防护装备。在进行低压电气作业时，配备和使用符合安全要求的绝缘鞋。

③ 封闭空间内进行喷砂作业、喷漆作业时使用符合安全要求的自给式呼吸防护设备。

其他作业环境需要专用防护设备的，承包商要配备满足相关安全要求的专用设备。

（2）施工现场所有人员按规定穿戴个人防护用品。

（3）个人防护用品是实现安全生产的一项强制性预防措施，不得随意变更或降低标准。

4. 个人防护用品的配备要求

（1）特种劳动防护用品必须具有"三证"和"一标志"，即产品制造厂具有特种劳动防护用品生产许可证、产品具有产品合格证、安全鉴定证和安全标志，符合国家标准。

（2）各参建单位、服务单位按照《劳动防护用品配备标准（试行）》［国经贸安全（2000）189号］的要求为作业人员免费提供合格的个人防护用品并建立使用管理台账。

5. 个人防护用品的使用培训和检查

各承包商对本单位的人员进行个人防护用品的使用、保管和维护等方面的培训，对其分包单位个人防护用品的配备和使用情况进行检查；监理单位对所监理项目实施过程中，个人防护用品的培训情况和使用情况进行监督、检查；HSE专业工程师对项目个人防护用品的培训和使用管理进行监督。

个人防护用品培训（包括但不限于）：

1）结构、性能原理；

2）使用方法和注意事项；

3）维护保养。

培训后，使用人员要掌握个人防护用品的安全性能、使用环境、使用方法；能够正确使用与保养。

（二）建筑施工现场常用个人安全防护用品

1. 安全帽

（1）简要介绍

安全帽是防物体打击和坠落时头部碰撞的防护装置。矿工和地下工程人员等用来保护头顶而戴的钢制或类似材料制的浅圆顶帽子。一般工人们在工业生产环境中戴的通常是用金属或加强塑料制成的轻型保护头盔。施工或采矿时工人戴的帽子用来保护头部，免受坠落的物件伤害。一般用柳条、藤芯或塑料制成。

（2）主要特点

1）透气性良好的轻型低危险安全帽：通风好，轻质，为佩戴者提供全面的舒适性。

2）安全帽的防护作用：当作业人员头部受到坠落物的冲击时，利用安全帽帽壳、帽衬在瞬间先将冲击力分解到头盖骨的整个面积上，然后利用安全帽各部位缓冲结构的弹性变形、塑性变形和允许的结构破坏将大部分冲击力吸收，使最后作用到人员头部的冲击力降低到 4900N 以下，从而起到保护作业人员头部的作用。安全帽的帽壳材料对安全帽整体抗击性能起重要的作用。

3）进入施工现场必须正确佩戴安全帽。施工现场发生的伤亡事故，特别是物体打击和高空坠落事故表明：凡是正确佩戴安全帽的，就会减轻事故的后果；如果未正确佩戴安全帽，就会失去它保护头部的防护作用，使人受到严重伤害。安全帽被广大建筑工人称为"安全三宝"之一，是建筑工人保护头部，防止和减轻各种事故伤害，保证生命安全的重要个人防护用品。它可以在以下几种情况下保护人的头部不受伤害或降低头部伤害的程度：①飞来或坠落下来的物体击向头部时；②当作业人员从 2m 及以上的高处坠落下来时；③当头部有可能触电时；④在低矮的部位行走或作业，头部有可能碰撞到尖锐、坚硬的物体时。

（3）结构零件

帽壳：承受打击，使坠落物与人体隔开。

帽箍：使安全帽保持在头上一个确定的位置。

顶带：分散冲击力，保持帽壳的浮动，以便分散冲击力。

后箍：头箍的锁紧装置。

下颚带：辅助保持安全帽的状态和位置。

吸汗带：吸汗。

缓冲垫：发生冲击时，减少冲击力。

图 4-1　安全帽示意图

佩戴高度：反映了前额到头顶的高度差，大了干涉眼睛、耳朵及佩戴物；小了安全帽的帽箍脱离额头部分，系紧部分形不成封闭，不能保证在头上具有一定状态和位置。

垂直间距：反映了帽壳内部与头顶之间的间隙。太小则通风不畅，太大则帽壳重心上升，导致安全帽在头上不稳定。

水平间距：在冲击存在侧向力时，提供缓冲空间，同时也是散热通道。

（4）结构形式

1）帽壳顶部应加强。可以制成光顶或有筋结构。帽壳制成无沿、有沿或卷边。

2）塑料帽衬应制成有后箍的结构，能自由调节帽箍大小（分抽拉调节、按钮调节、旋钮调节等）。

3）无后箍帽衬的下颚带制成"Y"形，有后箍的，允许制成单根。

4）接触头前额部的帽箍，要透气、吸汗。

5）帽箍周围的衬垫，可以制成条形，或块状，并留有空间使空气流通。

6）安全帽生产厂家必须严格按照《安全帽》GB 2811—2007 的规定进行生产。

7）Y 类安全帽不允许侧压，因为 Y 类安全帽只是防护由上到下的直线冲击所造成的伤害，不能防护由侧面带来的压力。

（5）承压原理

安全帽能承受压力主要是用了三种原理：

1）缓冲减振作用：帽壳与帽衬之间有 25～50mm 的间隙，当物体打击安全帽时，帽壳不因受力变形而直接影响到头顶部。

2）分散应力作用：帽壳为椭圆形或半球形，表面光滑，当物体坠落在帽壳上时，物体不能停留立即滑落；而且帽壳受打击点承受的力向周围传递，通过帽衬缓冲减少的力可达 2/3 以上，其余的力经帽衬的整个面积传递给人的头盖骨，这样就把着力点变成了着力面，从而避免了冲击力在帽壳上某点应力集中，减少了单位面积受力。

3）生物力学：国标中规定安全帽必须能吸收 4900N 的力。这是生物学试验，人体颈椎在受力时承受的最大限值，超过此限值颈椎就会受到伤害，轻者引起瘫痪，重者危及生命。

（6）采购监督

1）安全帽的采购：企业必须购买有产品合格证和安全标志的产品，购入的产品经验收后，方准使用。

2）安全帽不应贮存在酸、碱、高温、日晒、潮湿等场所，更不可和硬物放在一起。

3）安全帽的使用期：从产品制造完成之日计算。植物枝条编织帽不超过两年，塑料帽、纸胶帽不超过两年半，玻璃钢（维纶钢）橡胶帽不超过三年半。

4）企业应根据《劳动防护用品监督管理规定》（国家安全监

管总局令第1号）的规定对到期的安全帽进行抽查测试，合格后方可继续使用，以后每年抽验一次，抽验不合格则该批安全帽即报废。

5）各级安全生产监督管理部门对到期的安全帽要监督并督促企业安全技术部门检验，合格后方可使用。

（7）标志包装

1）每顶安全帽应有以下四项永久性标志：

① 制造厂名称、商标、型号；

② 制造年、月；

③ 生产合格证和检验证；

④ 生产许可证编号。

2）安全帽出厂装箱，应将每顶帽用纸或塑料薄膜做衬垫包好再放入纸箱内。装入箱中的安全帽必须是成品。

3）箱上应注有产品名称、数量、重量、体积和其他注意事项等标记。

4）每箱安全帽均要附说明书。

5）安全帽上如标有"D"标记，是表示安全帽具有绝缘性。

（8）种类划分

安全帽产品按用途分有一般作业类（Y类）安全帽和特殊作业类（T类）安全帽两大类。其中T类中又分成五类：T1类适用于有火源的作业场所；T2类适用于井下、隧道、地下工程、采伐等作业场所；T3类适用于易燃易爆作业场所；T4（绝缘）类适用于带电作业场所；T5（低温）类适用于低温作业场所。每种安全帽都具有一定的技术性能指标和适用范围，所以要根据行业和作业环境选购相应的产品。

安全帽颜色的选择随意性比较大，一般以浅色或醒目的颜色为宜，如白色、浅黄色等，也可以按有关规定的要求选用，遵循安全心理学的原则选用，按部门区分来选用，按作业场所和环境来选用。国家相关标准并没有在安全帽颜色使用作出指导性规范，各个行业、系统、企业有不同的规范，举例说明几种典型颜色使用规范：施工领域安全帽颜色的选用（见表4-1）。

安全帽颜色的选用 表4-1

颜色	酒红色	红色	白色	蓝色	黄色
岗位	领导人员	技术人员	安全监督人员	电工或监理人员	其他施工人员

注：集团以外承包商所使用安全帽颜色，应不同于集团公司员工安全帽颜色，具体颜色各企业自定。

（9）应用领域

1）玻璃钢安全帽：主要用于冶金高温作业场所、油田钻井、森林采伐、供电线路、高层建筑施工以及寒冷地区施工。

2）聚碳酸酯塑料安全帽：主要用于油田钻井、森林采伐、供电线路、建筑施工等作业使用。

3）ABS塑料安全帽：主要用于采矿、机械工业等冲击强度高的室内常温作业场所佩戴。

4）超高分子聚乙烯塑料安全帽：适用范围较广，如冶金、化工、矿山、建筑、机械、电力、交通运输、林业和地质等作业的工种均可使用。

5）改性聚丙烯塑料安全帽：主要用于冶金、建筑、森林、电力、矿山、井上、交通运输等作业的工种。

6）胶布矿工安全帽：主要用于煤矿、井下、隧道、涵洞等场所的作业。佩戴时，不设下颚系带。

7）塑料矿工安全帽：产品性能除耐高温大于胶质矿工帽外，其他性能与胶质矿工帽基本相同。

8）防寒安全帽：适用我国寒冷地区冬季野外和露天作业人员使用，如矿山开采、地质钻探、林业采伐、建筑施工和港口装卸搬运等作用。

9）纸胶安全帽：适用于户外作业防太阳辐射、风沙和雨淋。

10）竹编安全帽：主要用于冶金、建筑、林业、矿山、码头、交通运输等作业的工种。

11）其他编织安全帽：适用于南方炎热地区而无明火的作业

场所。

（10）规格要求

垂直间距：按规定条件测量，其值应在 25～50mm 之间。

水平间距：按规定条件测量，其值应在 5～20mm 之间。

佩戴高度：按规定条件测量，其值应在 80～90mm 之间。

帽箍尺寸分下列三个号码：

小号：51～56cm；

中号：57～60cm；

大号：61～64cm。

重量：一顶完整的安全帽，重量应尽可能减轻，不应超过 400g。

帽檐尺寸：最小 10mm，最大 35mm。帽檐倾斜度以 20°～60°为宜。

通气孔：安全帽两侧可设通气孔。

帽舌：最小 10mm，最大 55mm。

颜色：安全帽的颜色一般以浅色或醒目的颜色为宜，如白色、浅黄色等。

（11）使用佩戴过程注意问题

如果佩戴和使用不正确，就起不到充分的防护作用。一般应注意下列事项：

1）戴安全帽前应将帽后调整带按自己头形调整到适合的位置，然后将帽内弹性带系牢。缓冲衬垫的松紧由带子调节，人的头顶和帽体内顶部的空间垂直距离一般在 25～50mm 之间，至少不要小于 32mm 为好。这样才能保证当遭受到冲击时，帽体有足够的空间可供缓冲，平时也有利于头和帽体间的通风。

2）不要把安全帽歪戴，也不要把帽檐戴在脑后方。否则，会降低安全帽对于冲击的防护作用。

3）安全帽的下颚带必须扣在颌下，并系牢，松紧要适度。这样不至于被大风吹掉，或者是被其他障碍物碰掉，或者由于头的前后摆动，使安全帽脱落。

4）安全帽体顶部除了在帽体内部安装了帽衬外，有的还开了小孔通风。但在使用时不要为了透气而随便再行开孔。因为这样做将会使帽体的强度降低。

5）由于安全帽在使用过程中会逐渐损坏，所以要定期检查，检查有没有龟裂、下凹、裂痕和磨损等情况，发现异常现象要立即更换，不准再继续使用。任何受过重击、有裂痕的安全帽，不论有无损坏现象，均应报废。

6）严禁使用只有下颚带与帽壳连接的安全帽，也就是帽内无缓冲层的安全帽。

7）施工人员在现场作业中，不得将安全帽脱下，搁置一旁，或当坐垫使用。

8）由于安全帽大部分是使用高密度低压聚乙烯塑料制成的，具有硬化和变蜕的性质，所以不宜长时间地在阳光下曝晒。

9）新领的安全帽，首先检查是否有劳动部门允许生产的证明及产品合格证，再看是否破损、薄厚不均、缓冲层及调整带和弹性带是否齐全有效。不符合规定要求的立即调换。

10）在现场室内作业也要戴安全帽，特别是在室内带电作业时，更要认真戴好安全帽，因为安全帽不但可以防碰撞，而且还能起到绝缘作用。

11）平时使用安全帽时应保持整洁，不能接触火源，不要任意涂刷油漆，不准当凳子坐，防止丢失。如果丢失或损坏，必须立即补发或更换。无安全帽一律不准进入施工现场。

2. 安全带

（1）建筑施工现场高处作业、重叠交叉作业非常多，为了防止作业者在某个高度和位置上可能出现的坠落，作业者在登高和高处作业时，必须系挂好安全带。

（2）安全带包括：带子、绳子和金属配件，总称安全带。

（3）安全带的使用和维护有以下几点要求：

1）思想上必须重视安全带的作用。无数事例证明，安全带是"救命带"。可是有少数人觉得系安全带麻烦，上下行走不方便，特别是一些小活、临时活，认为"有扎安全带的时间活都干完了"。殊不知，事故发生就在一瞬间，所以高处作业必须按规定要求系好安全带。

2）安全带使用前应检查绳带有无变质、卡环是否有裂纹，卡簧弹跳性是否良好。

3）高处作业如安全带无固定挂处，应采用适当强度的钢丝绳或采取其他方法。禁止把安全带挂在移动或带尖锐棱角或不牢固的物件上。

4）高挂低用。将安全带挂在高处，人在下面工作就叫高挂低用。这是一种比较安全合理的科学系挂方法。它可以使有坠落发生时的实际冲击距离减小。与之相反的是低挂高用。就是安全带拴挂在低处，而人在上面作业。这是一种很不安全的系挂方法，因为当坠落发生时，实际冲击的距离会加大，人和绳都要受到较大的冲击负荷。所以安全带必须高挂低用，杜绝低挂高用。

5）安全带要拴挂在牢固的构件或物体上，要防止摆动或碰撞，绳子不能打结使用，钩子要挂在连接环上。

6）安全带绳保护套要保持完好，以防绳被磨损。若发现保护套损坏或脱落，必须加上新套后再使用。

7）安全带严禁擅自接长使用。如果使用 3m 及以上的长绳时必须要加缓冲器，各部件不得任意拆除。

8）安全带在使用前要检查各部位是否完好无损。安全带在使用后，要注意维护和保管。要经常检查安全带缝制部分和挂钩部分，必须详细检查捻线是否发生裂断和残损等。

9）安全带不使用时要妥善保管，不可接触高温、明火、强酸、强碱或尖锐物体，不要存放在潮湿的仓库中保管。

10）安全带在使用两年后应抽验一次，频繁使用应经常进行外观检查，发现异常必须立即更换。定期或抽样试验用过的安全带，不准再继续使用。

3. 防护服

（1）建筑施工现场上的作业人员应穿着工作服。

在一线工作的工人们，每天冒着风雨、顶着烈日，努力做好一个又一个的工程，那么，在工地工作服的选择上就应该选择符合他们需要的服装，对他们起到防护作用。一套好的建筑工作服是非常有必要的，如果穿着舒适，就可以提高员工的工作效率，建筑行业中最适合他们的工作服就是纯棉制的，这样既结实牢固，而且穿着也很舒适。

另外，在建筑行业中，工地工作服上的灰尘每天是非常多的，那么我们应该如何清理工作服呢？工作服上灰尘、燃料、浆料、水泥之类通常都比较难清洗干净，此时就可选择化纤制成的工地工作服，该类型的工作服容易清洗不掉色，而且穿着简便大方，不会影响劳动者的活动。

焊工的工作服一般为白色，其他工种的工作服没有颜色的限制。

（2）防护服有以下十类：

1）全身防护型工作服；2）防毒工作服；3）耐酸工作服；4）耐火工作服；5）隔热工作服；6）通气冷却工作服；7）通水冷却工作服；8）防射线工作服；9）劳动防护雨衣；10）普通工作服。

（3）建筑施工现场上对作业人员防护服的穿着要求是：

1）作业人员作业时必须穿着工作服；

2）操作转动机械时，袖口必须扎紧；

3）从事特殊作业的人员必须穿着特殊作业防护服；

4）焊工工作服应是白色帆布制作的。

4. 防护眼镜

（1）物质的颗粒和碎屑、火花和热流、耀眼的光线和烟雾都会对眼睛造成伤害。这样，在此时就必须根据防护对象的不同选择和使用防护眼镜。

（2）防打击的护目眼镜有三种：

1）硬质玻璃片护目镜。

2）胶质粘合玻璃护目镜（受冲击、击打破碎时呈龟裂状，不飞溅）。

3）钢丝网护目镜。它们能防止金属碎片或屑、砂尘、石屑、混凝土屑等飞溅物对眼部的打击。金属切削作业、混凝土凿毛作业、手提砂轮机作业等适合佩戴这种钢丝网护目镜。

（3）防紫外线和强光用的防紫外线护目镜和防辐射面罩。焊接工作使用的防辐射线面罩应由不导电材料制作，观察窗、滤光片、保护片尺寸吻合，无缝隙。护目镜的颜色是混合色，以蓝、绿、灰色的为好。

（4）防有害液体的护目镜主要用于防止酸、碱等液体及其他危险注入体与化学药品对眼的伤害。一般镜片用普通玻璃制作，镜架用非金属耐腐蚀材料制成。

（5）在镜片的玻璃中加入一定量的金属铅面制成的铅制玻璃片的护目镜，主要是为了防止 X 射线对眼部的伤害。

（6）防灰尘、烟雾及各种有轻微毒性或刺激性较弱的有毒气体的防护镜必须密封、遮边无通风孔，与面部接触严密，镜架要耐酸、耐碱。

5. 防护鞋

（1）防护鞋的种类比较多，如皮安全鞋、防静电胶底鞋、胶面防砸安全鞋、绝缘皮鞋、低压绝缘胶鞋、耐酸碱皮鞋、耐酸碱胶靴、耐酸碱塑料模压靴、高温防护鞋、防刺穿鞋、焊接防护鞋等。应根据作业场所和内容的不同选择使用。

（2）建筑施工现场上常用的有：绝缘靴（鞋）、焊接防护鞋、耐酸碱橡胶靴及皮安全鞋等。

（3）对绝缘鞋的要求有：

① 必须在规定的电压范围内使用；

② 绝缘鞋（靴）胶料部分无破损，且每半年作一次预防性试验；

③ 在浸水、油、酸、碱等条件上不得作为辅助安全用具使用。

6. 防护手套

（1）施工现场作业，大部分都是由双手操作完成，这就导致了手经常处在危险之中。对手的安全防护主要靠手套。

（2）使用防护手套时，必须对工件、设备及作业情况分析之后，选择适当材料制作的、方便操作的手套，方能起到保护作用。但是对于需要精细调节的作业，戴防护手套就不便于操作，尤其对于使用钻床、铣床和传送机旁及具有夹挤危险的部位操作人员，若使用手套，则有被机械缠住或夹住的危险。所以从事这些作业的人员，严格禁止使用防护手套。

（3）建筑施工现场上常用的防护手套有下列几种：

① 劳动保护手套。具有保护手和手臂的功能，作业人员工作时一般都使用这类手套。

② 带电作业用绝缘手套。要根据电压选择适当的手套，检查表面有无裂痕、发粘、发脆等缺陷，如有异常禁止使用。

③ 耐酸、耐碱手套。主要用于接触酸和碱时戴的手套。

④ 橡胶耐油手套。主要用于接触矿物油、植物油及脂肪簇的各种溶剂作业时戴的手套。

⑤ 焊工手套。电、火焊工作业时戴的防护手套，应检查皮革或帆布表面有无僵硬、薄档、洞眼等残缺现象，如有缺陷，不准使用。手套要有足够的长度，手腕部不能裸露在外边。

7. 防尘口罩

（1）防尘口罩是防止或减少空气中粉尘进入人体呼吸器官的个人保护器具。目的是防止或减少空气中粉尘进入人体呼吸器官从而保护生命安全的个人防护用品。

（2）防尘口罩的分类

1）活性炭过滤：工业上应用的活性炭要求机械强度大、耐磨性能好，它的结构力求稳定，吸附所需能量小，有利于再生。活性炭用于油脂、饮料、食品、饮用水的脱色、脱味，气体分离、溶剂回收和空气调节，用作催化剂载体和防毒面具的吸附剂。

2）空气过滤：简称过滤式的口罩，工作原理是使含有害物的空气通过口罩的滤料过滤净化后再被人吸入。过滤式口罩是我们日常工作中使用最广泛的一大类。一个过滤式口罩的结构应分为两大部分，一是面罩的主体，我们可以简单理解为它是一个口罩的架子；另一个是滤材部分，包括用于防尘的过滤棉以及防毒用的化学过滤盒等。

（3）保养方法

防尘口罩的外层往往积聚着很多外界空气中的灰尘、细菌等污物，而里层阻挡着呼出的细菌、唾液，因此，防尘口罩两面不能交替使用，否则会将外层粘染的污物在直接紧贴面部时吸入人体，而成为传染源。

在不戴口罩时，应叠好放入清洁的信封内，并将紧贴口鼻的一面向里折好，切忌随便塞进口袋里或是在脖子上挂着。

若防尘口罩被呼出的热气或唾液弄湿，其阻隔病菌的作用就会大大降低。所以，平时最好多备几只口罩，以便替换使用，应每日换洗一次。洗涤时应先用开水烫 5 分钟。

防尘口罩应该坚持每天清洗和消毒，不论是纱布口罩还是空气过滤面罩都可以用加热的办法进行消毒。

（4）选择及使用原则

1）口罩的阻尘效率要高。一个口罩的阻尘效率高低是以其对微细粉尘，尤其是对 $5\mu m$ 以下的呼吸性粉尘的阻尘效率为标准的。一般的纱布口罩，其阻尘原理是机械式过滤，也就是当粉尘冲撞到纱布时，经过一层层的阻隔，将一些大颗粒粉尘阻隔在纱布中。但是，微细粉尘尤其是小于 $5\mu m$ 的粉尘，就会从纱布的网眼中穿过去，进入呼吸系统。市场上有一些防尘口罩出售，其滤料由充上永久静电的纤维组成，那些小于 $5\mu m$ 的呼吸性粉尘在穿过这种滤料的过程中，就会被静电吸引而吸附在滤料上，真正起到阻尘作用。

2）口罩与脸形的密合程度要好。当口罩与人脸不密合时，空气中的粉尘就会从口罩四周的缝隙处进入呼吸道。所以，人们应选用适合自己脸形的防尘口罩并正确佩戴防尘口罩。

3）佩戴要舒适，包括呼吸阻力要小，重量要轻，佩戴卫生，保养方便，如佩戴拱形防尘口罩。

4）当使用完口罩之后，不能让口罩的外部与细菌相接触，这是非常重要的，因为如果口罩的外面接触到了细菌，那就会直接影响到人的呼吸系统，更严重者可能会影响到人的生命安全。

8. 常用安全护具的检验方法

常用的安全护具必须进行认真检查、试验。安全网是否有杂物，是否被坠物损坏或被吊装物撞坏。安全帽被物体击打后，是否有裂纹等。

（1）安全帽：3kg 重的钢球，从 5m 高处垂直自由坠落冲击下不被破坏，试验时应用木头做一个半圆人头模型，将试验的安全帽内缓冲弹性带系好放在模型上。各种材料制成的安全帽试验都可用此方法。检验周期为每年一次。

（2）安全带：国家规定，出厂试验是取荷重 120kg 的物体，从 2～2.8m 高架上冲击安全带，各部件无损伤即为合格。

工地可根据实际情况，在满足试验荷重标准情况下，因地制宜采取一些切实可行的办法。一些工地经常使用的方法是：采用麻袋，由木屑刨花等作填充物，再加铁块，以达到试验负荷的重量标准。用专作实验的架子，进行动、静荷重试验。

锦纶安全带配件极限拉力指标为：腰带 1200～1500kg，背带 700～1000kg，安全绳 1500kg，挂钩圆环 1200kg，固定卡子 60kg，腿带 700kg。

安全带的负荷试验要求是：施工单位对安全带应定期进行静负荷试验。试验荷重为 225kg，吊挂 5min，检查是否存在变形、破裂等情况，并作好记录。

安全带的检验周期为：每次使用安全带之前，必须进行认真的检查。对新安全带使用两年后进行抽查试验，旧安全带每隔 6个月进行一次抽检。

需要注意的是，凡是做过试验的安全护具，不准再用。

（3）个人防护用品的检查还必须注意：

1）产品生产厂家是否有"生产许可证"；

2）产品生产厂家是否有"产品合格证书"；

3）产品是否满足该产品的有关质量要求；

4）产品的规格及技术性能是否与作业的防护要求吻合。

五、高处作业安全知识

（一）概　　述

1.《高处作业分级》GB 3608—2008 规定："凡在坠落高度基准面 2m 以上（含 2m）有可能坠落的高处进行作业，都称为高处作业。"

坠落高度基准面：通过最低坠落着落点的水平面，称为坠落高度基准面。

最低坠落着落点：在作业位置可能坠落到的最低点，称为该作业位置的最低坠落着落点。高处作业高度：作业区各作业位置至相应坠落高度基准面之间的垂直距离中的最大值，称为该作业区的高处作业高度。

其可能坠落范围半径 R，根据高度 h 不同分别是：当高度 h 为 2～5m 时，半径 R 为 2m；当高度 h 为 5～15m 时，半径 R 为 3m；当高度 h 为 15～30m 时，半径 R 为 4m；当高度 h 为 30m 以上时，半径 R 为 5m。高度 h 为作业位置至其底部的垂直距离。

2. 高处作业的级别，见表 5-1。

高处作业高度与对应级别　　　　　　　　　表 5-1

高处作业高度（m）	2～5	5～15	15～30	30 以上
级别	一级	二级	三级	特级

3. 高处作业的种类和特殊高处作业的类别

（1）高处作业的种类分为一般高处作业和特殊高处作业

两种。

（2）特殊高处作业包括以下几个类别（见表5-2）：

特殊高处作业类别 表 5-2

特　　征	类　别
在阵风风力六级（风速 10.8m/s）以上的情况下进行的高处作业	强风高处作业
在高温或低温环境下进行的高处作业	异温高处作业
降雪时进行的高处作业	雪天高处作业
降雨时进行的高处作业	雨天高处作业
室外完全采用人工照明时进行的高处作业	夜间高处作业
在接近或接触带电体条件下进行的高处作业	带电高处作业
在无立足点或无牢靠立足点的条件下进行的高处作业	悬空高处作业
对突然发生的各种灾害事故，进行抢救的高处作业	抢救高处作业
除特殊高处作业以外的高处作业	一般高处作业

4. 标记

高处作业的分级，以级别、类别和种类标记。一般高处作业标记时，写明级别和种类；特殊高处作业标记时，写明级别和类别，种类可省略不写。

例1：三级，一般高处作业；

例2：一级，强风高处作业；

例3：二级，异温、悬空高处作业。

5. 发生高处坠落事故的原因

（1）安全教育不到位。同一个现场，同一个作业环境，从事施工时间短的人员，比从事作业施工时间长的人员易发生事故。新来的人员，对建筑几乎一无所知，对现场的危害不清楚，盲目施工，如从电梯井、其他预留洞口掉下来的人员，几乎都是新工人。这里很重要的一个原因，就是教育不到位，有的甚至是根本就没有进行教育。

（2）安全防护不到位。按照规定基准面 2m 及 2m 以上就为高处作业，就应当进行安全防护。但在一些施工现场，基坑已经挖的早就超过 2m 了，防护栏杆还没有安装上，上下人的马道也没有搭设，工人上下全靠爬上爬下。主体结构都已经快到三层了，还一片密目安全网都没有挂。有的上人通道根本到不了作业层，工人全靠身体灵活攀援上下。相当多的预留洞口未防护，或者是防护了未固定。钢结构作业未设可靠的安全绳，安装层面板作业，脚手板铺设未做到满铺，下面未挂水平安全网等等。

（3）安全投入不到位。有的施工现场发生事故，原因很简单，投入不到位，甚至不投入，起码的安全防护用品都没有，发生安全事故那是必然的。其中有的是市场竞争激烈，低价中标，舍不得投入；有的是凭侥幸，不投入；更多的项目经理是对自己的安全职责不履行，甚至不知道自己在法律上应负的责任，得过且过。

（4）安全检查不到位。未建立安全检查制度，检查与否全凭管理人员的自觉，想起来就查，想不起来就不查。建立了检查制度，但不按制度进行，如项目上应当一周检查一次，往往是半个月，甚至更长时间才检查一次。各级检查分不出层次，各级都只是检查项目，查出问题就事论事。检查往往仅仅只是注重现场当时出现的问题，忽略对安全资料的检查。突击检查，就会导致有的项目多次被检查，有的项目甚至一次都未被检查过。

（5）隐患整改不到位。被检查的项目，对下达的整改通知单上的问题，不是认真研究整改，而是只做表面上的文章，回复写得很好，而相当多的问题并没有得到解决，有的甚至是很大的隐患。检查单位很少对检查出来的问题实地进行验证，客观上是管理跨度大，不易做到及时验证，主观上不认真也是重要的原因。

（6）安全责任不到位。项目经理是安全生产的第一责任人，安全管理人员是安全生产的监督员。这两种人对安全生产负有不可推卸的责任，同时，项目的所有人员在安全生产上也都有各自的责任。有的项目，往往是责任制不明，更多的是虽然有责任制，但没有真正责任到人，有的连自己应负的安全责任也讲不清楚，更谈不上去履行了。

（7）安全机构不到位。按照国家有关安全生产的法律法规的规定，高危行业应当设立独立的安全管理机构，建筑业是国家认定的三个高危行业之一，设立独立的安全管理机构是必须的。但有的企业没有按照这个规定办，只是在工程管理部门里安排人分管，有的甚至只有一个人，仅仅能管管报表和处理一下面上的工作，根本无暇顾及其他安全管理工作。

（8）专项整治不到位。高处坠落、物体打击、机械伤害、坍塌和触电这五大伤害，一直是建筑业专项整治的重点，年年搞，年年成效不大，这两年，建设部专门下发文件，把高处坠落和坍塌作为专项治理的重点，应该说是抓住了关键。但在一些单位，一些项目上没有收到成效，重要原因，就是没有真正抓专项治理工作，只是写在纸上，喊在嘴上，就是没有落实在行动上。

（9）安全交底不到位。安全交底是搞好安全工作的重要环节，针对性强的交底，可以使许多安全隐患被消灭在萌芽状态。但在实际施工中，相当一些项目，往往不重视安全技术交底，有的照抄照搬，有的是工人都干了好些日子了，才向工人进行交底，有的把交底只是向班组长交了，没有交到所有操作人员，有的甚至根本就不交底。

（10）安全方案不到位。安全方案包括施工组织设计、安全管理方案，各种安全专项方案。方案齐全，及时下达，认真施行，安全生产可以说是有了一半的把握。但在实际中，一些项目，不是方案不齐全，就是方案编制粗糙，不是没有计算，就是缺少审核，有的甚至是方案编制出来就束之高阁了。

6. 预防高处坠落事故的对策

（1）把住安全生产责任制关

要依法建立健全安全生产责任制，按照《安全生产法》的规定，让企业的经理和项目经理自觉地做好建立本单位安全生产责任制，对本单位的安全生产负总责，把安全生产责任具体划分，落实到人。让每一个人都明确自己的安全管理责任，建立考核制度，定期对每一个人落实责任制的情况进行考核，考核与个人的经济收入挂钩，奖优罚劣。

（2）把住安全生产经费关

《安全生产法》明确规定，企业要足额有效的保证安全生产的投入，对不能保证的，还规定了处罚办法。国家安全生产监督管理总局和财政部还专门下发了各行各业安全投入的具体比例，其中房建为总造价的2%。建筑企业一是要从建设单位处及时把这个费用收回来。二是要及时用来购买安全防护用品。三是要及时把安全防护用品使用好。2m及2m以上都是高处作业，要认真搞好防护，做到不是人为的进行破坏，绝对不会发生高处坠落事故。

（3）把住安全教育培训关

建筑施工作业地点经常变换，人员流动性大，不安全因素多，偶然性大。安全教育和培训十分重要。对操作人员每年要进行不少于20学时的安全教育培训，对新工人和新转场的人员，要进行不少于32学时的安全教育培训。教育内容要按照住房和城乡建设部的规定结合现场的实际情况进行。每年春节后开工时，要进行收心教育，节假日时要开展节前教育，搞好季节性教育等等。

（4）把住安全防护关

在地基和基础施工时，应当设置安全防护栏杆，设置下基坑的安全通道；主体施工时，要设置安全通道，建筑高度超过30m的，通道应设置双重防护，两层防护之间不小于60cm，上人马道随着作业层走，同时，还应当充分利用室内正式楼梯，形成两路可上人的通道；搞好各楼层的临边防护，无人作业的楼层，可对其进行封闭；作业层脚手板要按规定进行满铺，特别是要解决好脚手架内立杆与墙体之间的空隙的防护；各楼层的上料平台要安装防护门，最好建成门连锁装置，机到门开，机离门关，未做到门连锁的，要建立关门责任制，责任到人；屋面施工时，防护栏杆要不低于1.5m，要全封闭，安排人员作业不能少于2人；

使用人字梯作业，要安排两人一组进行作业，一人在上面作业，一人在下面扶梯；使用移动平台作业，移动平台时，人不能留在平台上；安装层面板施工，要搭设好人行通道，要标识出行走路线，同时要在下方搭设安全平网；钢结构施工，要设置好用钢丝绳做材料的安全绳，工人使用双保险的安全带。

（5）把住安全检查关

第一，要建立安全检查制度，严格按制度办事。

第二，要保证检查数量，项目检查要做到一周一次，区域公司检查一个月一次，公司检查每季度一次，集团公司检查半年一次。

第三，要注意检查质量，检查要全面、细致，既要检查现场，也要检查安全资料，要对照检查。

第四，上级的检查针对下级的不足进行，切忌例行公事或重复进行，要从现场的问题中发现其上级管理中的不足之处，讲评要高屋建瓴，问题一定要讲透，要从法律法规的高度来看问题，要从中找出规律性的东西来，一定要让下级受到震动，受到启发，受到教育。

（6）把住专项治理关

要认真贯彻落实住房和城乡建设部关于开展专项治理的要求，对高处坠落、坍塌、机械伤害、物体打击和触电这五大伤害进行治理。特别是高处坠落。建立专项治理领导小组和工作小组，进行施工现场的危险源辨识，针对危险源，制定防范和改进措施，对工人进行教育，搞好安全防护，搞好安全检查，重点部位安排专职安全管理人员进行旁站监督等等。

（7）把住安全方案编制关

第一，制订出安全方案的编制计划，规定出编制的数量、编制的人员、编制的时间、审核审批的流程；

第二，严格按计划执行并进行考核；

第三，上级检查施工现场时，要检查方案的编制和落实情况。

（8）把住安全技术交底关

安全技术交底按照施工方案进行，要有总的交底，更要有分部分项交底，交底要针对施工现场的实际情况进行，要有很强的针对性，交底一定要是书面的，要逐级进行交底，最后的交底一定要交到每一个操作人员，交底书上要有交底和接受人的双方签字，并写上交底的地点。现场安全管理人员要监督各级的交底情况，发现交底不清的要及时指出，对不交底的问题及时向项目经理或项目总工程师汇报。

（9）把住安全机构设立关

建筑企业应当依法设立独立的安全管理机构。按照建设部的规定：集团公司和公司（含区域公司）都应当设立独立的安全管理机构，集团公司的管理机构每百万 m^2 不少于 1 人，最少不得少于 4 人；公司每 10 万 m^2 不少于 1 人，最少不得少于 3 人。专业管理人员应当持证上岗，管理机构中的人员应当专业配套。

（10）把住隐患整改关

要抓住隐患整改不放松，一次整改不到位的，二次进行整改，直至整改到位。对于受条件限制，不能完全整改到位的，要采取多种防护措施保证安全。特别是施工现场发生未遂事故或事件后，要严格按照"四不放过"的原则进行处理，做到事故原因水落石出，事故教训刻骨铭心，事故处理切肤之痛，事故整改举一反三。

施工现场是动态的，要做好高处坠落的防治工作，不只是做好以上所讲的十个方面的工作就行了。但从目前的情况来看，先做好这十个方面的工作，对于做好防治高处坠落事故是大有益处的，让我们先从这十个方面做起。假以时日，高处坠落事故会大幅度下降。

高处作业的职业有哪些危害？

最常见的有两种。

（1）从高处坠落造成伤残、死亡：这是常见的工伤事故之一。普遍规律是，登得愈高，坠落伤亡的危险性愈大。登高 2m

以下，虽尚不属我国规定的高处作业范围，但绝不能忽视，因为这个高度作业的人数较多，基数大，即使发生伤亡的几率较小，其发生伤亡事故的人数也较多。

（2）由于精神紧张产生的危害：人离地面愈高，愈易产生怕坠落摔伤、摔死的紧张心理，尤其是当从高处向下看时，心情更加紧张甚至产生恐惧心理，此时更容易发生失误行为，造成一失足成千古恨的结局。

其次，人们处于紧张状态时，神经系统会发出信号，促使肾上腺素分泌量增加，而使心跳加快、血管收缩、暂时性血压增高。当从高处回到地面上后，紧张心情得到缓解，脉搏、血压才会逐渐恢复到原有水平。长期从事高处作业，尤其是二级以上的高处作业，所引起的精神紧张长期得不到缓解和消除，由紧张引起的血压升高也得不到恢复，因此这种行业的人群中，高血压发病率随工龄增长而明显增高。这种增高在 50 岁以后更加明显，患者人数可比对照人群高出 1 倍以上。

此外，长期精神紧张还会引起消化不良和身体免疫功能下降，患病毒性上呼吸道感染的机会增多，为对照人群的 3～5 倍。

高处作业及登高架设作业的注意事项：

（1）从事高处作业及登高架设作业的人员要定期体检。经医生诊断，凡患高血压、心脏病、贫血病、癫痫病以及其他不适于高处作业及登高架设作业的人员，不得从事高处作业及登高架设作业。

（2）高处作业及登高架设作业前，必须对有关防护设施及个人安全防护用品进行检查，不得在存在安全隐患的情况下强令或强行冒险作业。

（3）作业时衣着要灵便，禁止穿硬底和带钉易滑的鞋，在没有防护设施的高空、悬崖和陡坡施工，必须按规定使用安全带，安全带必须高挂低用，挂设点必须安全、可靠。

（4）高处作业所用材料要堆放平稳，不得妨碍作业，并制定防止坠落的措施；使用工具应有防止工具脱手坠落伤人的措施；

工具用完应随手放入工具袋（套）内。上下传递物件禁止抛掷。

（5）遇有恶劣气候（如风力在六级以上）影响施工安全时，禁止进行露天高处及登高架设作业、起重和打桩作业。

（6）使用梯子登高作业，梯子不得缺档，不得垫高使用，如需接长使用，应有可靠的连接措施，且接头不得超过一处。梯子横档间距以300mm为宜。使用时上端要固定牢固，下端应有防滑措施。

（7）单面梯工作角度以75°±5°为宜；人字梯上部夹角以35°~45°为宜，使用时第一档或第三档之间应设置拉撑。禁止两人同时在梯子上作业。在通道处使用梯子，应有人监护或设置围栏。脚手架上禁止使用梯子登高作业。

（8）没有安全防护设施，禁止在屋架的上弦、支撑、桁条、挑架的挑梁和未固定的构件上行走或作业。高处作业与地面联系，应设通讯装置，专人负责。

（9）乘人的外用电梯、吊笼，应有可靠的安全保护装置。除指派的专业人员外，禁止攀登起重臂、绳索或随同运料的吊篮，吊装物上下。

7. 高处作业安全顺口溜

登高之前先看好，脚手架子要牢靠，恐高酒后莫登高，高处失足不得了。

工具袋子不可少，常用工具里边撂，传送物品用绳索，切勿上下用力抛。

作业环境细检查，架杆扣件要完好，查看平台查护栏，不得出现板头翘。

血的教训要牢记，事故只因怕麻烦，隐患消除再工作，违章作业最危险。

手锤扳手要绳栓，当心坠物伤人员，架上杂物随手清，文明施工记心间。

千万系好安全带，高挂低用保安全，使用梯子别大意，六十度角稳如山。

高处作业风险大，胆大心细莫害怕，安全规程有规定，遵章守纪来保驾。

（二）建筑施工高处作业

1. 简介

为了便于操作过程中做好防范工作，有效地防止人与物从高处坠落的事故，根据建筑行业的特点，在建筑安装工程施工中，对建筑物和构筑物结构范围以内的各种形式的洞口与临边性质的作业、悬空与攀登作业、操作平台与立体交叉作业，以及在结构主体以外的场地上和通道旁的各类洞、坑、沟、槽等工程的施工作业，只要符合上述条件的，均作为高处作业对待，并加以防护。

脚手架、井架、龙门架、施工用电梯和各种吊装机械设备在施工中使用时所形成的高处作业，其安全问题，都是由各工程或设备的安全技术部门各自作出规定加以处理。

2. 基本类型

建筑施工中的高处作业主要包括临边、洞口、攀登、悬空、交叉等五种基本类型，这些类型的高处作业是高处作业伤亡事故可能发生的主要地点。

3. 临边作业

（1）临边作业是指：施工现场中，工作面边沿无围护设施或围护设施高度低于80cm时的高处作业。

（2）下列作业条件属于临边作业：

1）基坑周边，无防护的阳台、料台与挑平台等；

2）无防护楼层、楼面周边；

3）无防护的楼梯口和梯段口；

4）井架、施工电梯和脚手架等的通道两侧面；

5）各种垂直运输卸料平台的周边。

（3）对临边高处作业，必须设置防护措施，并符合下列规定：

1）基坑周边，尚未安装栏杆或栏板的阳台、料台与挑平台周边，雨篷与挑檐边，无外脚手架的屋面与楼层周边及水箱与水塔周边等处，都必须设置防护栏杆。

2）头层墙高度超过 3.2m 的二层楼面周边，以及无外脚手架的高度超过 3.2m 的楼层周边，必须在外围架设安全平网一道。

3）分层施工的楼梯口和梯段边，必须安装临时护栏。顶层楼梯口应随工程结构进度安装正式防护栏杆。

4）井架与施工用电梯和脚手架等与建筑物通道的两侧边，必须设防护栏杆。地面通道上部应装设安全防护棚。双笼井架通道中间，应予分隔封闭。

5）各种垂直运输接料平台，除两侧设防护栏杆外，平台口还应设置安全门或活动防护栏杆。

6）临边防护栏杆杆件的规格及连接要求，应符合下列规定：

① 毛竹横杆小头有效直径不应小于 72mm，栏杆柱小头直径不应小于 80mm，并须用不小于 16 号的镀锌钢丝绑扎，不应少于 3 圈，并无污滑。

② 原木横杆上杆梢径不应小于 70mm，下杆梢径不应小于 60mm，栏杆柱梢径不应小于 75mm。并须用相应长度的圆钉钉紧，或用不小于 12 号的镀锌钢丝绑扎，要求表面平顺和稳固无动摇。

③ 钢筋横杆上杆直径不应小于 16mm，下杆直径不应小于 14mm，栏杆柱直径不应小于 18mm，采用电焊或镀锌钢丝绑扎固定。

④ 钢管横杆及栏杆柱均采用 $\phi 48 \times (2.75\sim3.5)$mm 的管材，以扣件或电焊固定。

⑤ 以其他钢材如角钢等作防护栏杆杆件时，应选用强度相当的规格，以电焊固定。

7）搭设临边防护栏杆应由上、下两道横杆及栏杆柱组成，上杆离地高度为 1.0～1.2m，下杆离地高度为 0.5～0.6m。坡度大于 1∶22 的屋面，防护栏杆应高 1.5m，并加挂安全立网。除经设计计算外，横杆长度大于 2m 时，必须加设栏杆柱。

8）栏杆柱的固定应符合下列要求：

① 当在基坑四周固定时，可采用钢管并打入地面 50～70cm 深。钢管离边口的距离，不应小于 50cm。当基坑周边采用板桩时，钢管可打在板桩外侧。

② 当在混凝土楼面、屋面或墙面固定时，可用预埋件与钢管或钢筋焊牢。采用竹、木栏杆时，可在预埋件上焊接 30cm 长的 L50×5 角钢，其上下各钻一孔，然后用 1mm 螺栓与竹、木杆件拴牢。

③ 当在砖或砌块等砌体上固定时，可预先砌入规格相适应的 80×6 弯转扁钢作预埋铁的混凝土块，然后用上项方法固定。

栏杆柱的固定及其与横杆的连接，其整体构造应使防护栏杆在上杆任何处，能经受任何方向的 1000N 外力。当栏杆所处位置有发生人群拥挤、车辆冲击或物件碰撞等可能时，应加大横杆截面或加密柱距。

9）防护栏杆必须自上而下用安全立网封闭，或在栏杆下边设置严密固定的高度不低于 18cm 的挡脚板或 40cm 的挡脚笆。挡脚板与挡脚笆上如有孔眼，不应大于 25mm。板与笆下边距离底面的空隙不应大于 10mm。

10）卸料平台两侧的栏杆，必须自上而下加挂安全立网或满扎竹笆。

当临边的外侧面临街道时，除防护栏杆外，敞口立面必须采取满挂安全网或其他可靠措施作全封闭处理。

4. 洞口作业

（1）洞口作业是指：孔、洞口旁边的高处作业，包括施工现场及通道旁深度在 2m 及 2m 以上的桩孔、沟槽与管道孔洞等边沿作业。

（2）建筑物的楼梯口、电梯口及设备安装预留洞口等（在未安装正式栏杆，门窗等围护结构时），还有一些施工需要预留的上料口、通道口、施工口等。凡是在 2.5cm 以上，洞口若没有防护时，就有造成作业人员高处坠落的危险；或者若不慎将物体从这些洞口坠落时，还可能造成下面的人员发生物体打击事故。

（3）进行洞口作业以及在因工程和工序需要而产生的，使人与物有坠落危险或危及人身安全的其他洞口进行高处作业时，必须按下列规定设置防护设施：

1）板与墙的洞口，必须设置牢固的盖板、防护栏杆、安全网或其他防坠落的防护设施。

2）电梯井口必须设防护栏杆或固定栅门；电梯井内应每隔两层并最多隔 10m 设一道安全网。

3）钢管桩、钻孔桩等桩孔上口，杯形、条形基础上口，未填土的坑槽，以及人孔、天窗、地板门等处，均应按洞口防护设置稳固的盖件。

4）施工现场通道附近的各类洞口与坑槽等处，除设置防护设施与安全标志外，夜间还应设红灯示警。

5）洞口根据具体情况采取设防护栏杆、加盖件、张挂安全网与装栅门等措施时，必须符合下列要求：

① 楼板、屋面和平台等面上短边尺寸小于 25cm 但大于 2.5cm 的孔口，必须用坚实的盖板盖没。盖板应能防止挪动移位。

② 楼板面等处边长为 25～50cm 的洞口、安装预制构件时的洞口以及缺件临时形成的洞口，可用竹、木等作盖板，盖住洞口。盖板须能保持四周搁置均衡，并有固定其位置的措施。

③ 边长为 50～150cm 的洞口，必须设置以扣件扣接钢管而成的网格，并在其上满铺竹笆或脚手板。也可采用贯穿于混凝土板内的钢筋构成防护网，钢筋网格间距不得大于 20cm。

④ 边长在 150cm 以上的洞口，四周设防护栏杆，洞口下张设安全平网。

⑤ 垃圾井道和烟道，应随楼层的砌筑或安装而消除洞口，或参照预留洞口作防护。管道井施工时，除按上款办理外，还应加设明显的标志。如有临时性拆移，需经施工负责人核准，工作

完毕后必须恢复防护设施。

⑥ 位于车辆行驶道旁的洞口、深沟与管道坑、槽，所加盖板应能承受不小于当地额定卡车后轮有效承载力 2 倍的荷载。

⑦ 墙面等处的竖向洞口，凡落地的洞口应加装开关式、工具式或固定式的防护门，门栅网格的间距不应大于 15cm，也可采用防护栏杆，下设挡脚板（笆）。

⑧ 下边沿至楼板或底面低于 80cm 的窗台等竖向洞口，如侧边落差大于 2m 时，应加设 1.2m 高的临时护栏。

⑨ 对邻近的人与物有坠落危险性的其他竖向的孔、洞口，均应予以盖没或加以防护，并有固定其位置的措施。

5. 攀登作业

（1）攀登作业是指：借助建筑结构或脚手架上的登高设施或采用梯子或其他登高设施在攀登条件下进行的高处作业。

（2）在建筑物周围搭拆脚手架、张挂安全网，装拆塔机、龙门架、井字架、施工电梯、桩架，登高安装钢结构构件等作业都属于这种作业。

进行攀登作业时，作业人员由于没有作业平台，只能攀登在可借助物的架子上作业，要借助一手攀，一只脚勾或用腰绳来保持平衡，身体重心垂线不通过脚下，作业难度大，危险性大，若有不慎就可能坠落。

（3）在施工组织设计中应确定用于现场施工的登高和攀登设施。现场登高应借助建筑结构或脚手架上的登高设施，也可采用载人的垂直运输设备。进行攀登作业时可使用梯子（移动梯、折梯、固定梯、挂梯）或采用其他攀登设施。

（4）柱、梁和行车梁等构件吊装所需的直爬梯及其他登高用拉攀件，应在构件施工图或说明内作出规定。

（5）攀登的用具，结构构造上必须牢固可靠。供人上下的踏板其使用荷载不应大于 1100N。当梯面上有特殊作业，重量超过上述荷载时，应按实际情况加以验算。

（6）登高用梯的要求

移动式梯子，均应按现行的国家标准验收其质量。

梯脚底部应坚实，不得垫高使用。梯子的上端应有固定措施。立梯工作角度以75°±5°为宜，踏板上下间距以30cm为宜，不得有缺档。梯子如需接长使用，必须有可靠的连接措施，且接头不得超过1处。连接后梯梁的强度，不应低于单梯梯梁的强度。

折梯使用时上部夹角以35°～45°为宜，铰链必须牢固，并应有可靠的拉撑措施。

固定式直爬梯应用金属材料制成。梯宽不应大于50cm，支撑应采用不小于L70×6的角钢，埋设与焊接均必须牢固。梯子顶端的踏棍应与攀登的顶面齐平，并加设1～1.5m高的扶手。

使用直爬梯进行攀登作业时，攀登高度以5m为宜。超过2m时，宜加设护笼，超过8m时，必须设置梯间平台。

作业人员应从规定的通道上下，不得在阳台之间等非规定通道进行攀登，也不得任意利用吊车臂架等施工设备进行攀登。

上下梯子时，必须面向梯子，且不得手持器物。

（7）钢柱安装登高时，应使用钢挂梯或设置在钢柱上的爬梯。钢柱的接柱应使用梯子或操作台。操作台横杆高度，当无电焊防风要求时，其高度不宜小于1m，有电焊防风要求时，其高度不宜小于1.8m，登高安装钢梁时，应视钢梁高度，在两端设置挂梯或搭设钢管脚手架。

（8）梁面上需行走时，其一侧的临时护栏横杆可采用钢索，当改用扶手绳时，绳的自然下垂度不应大于1/20，并应控制在10cm以内。

（9）钢屋架的安装，应遵守下列规定：

1）在屋架上下弦登高操作时，对于三角形屋架应在屋脊处，梯形屋架应在两端，设置攀登时上下的梯架。材料可选用毛竹或原木，踏步间距不应大于40cm，毛竹梢径不应小于70mm。

2）屋架吊装以前，应在上弦设置防护栏杆。

3）屋架吊装以前，应预先在下弦挂设安全网；吊装完毕后，即将安全网铺设固定。

6. 悬空作业

（1）悬空作业是指：在周边临空状态下进行高处作业。其特点是在操作者无立足点或无牢靠立足点条件下进行高处作业。建筑施工中的构件吊装，利用吊篮进行外装修，悬挑或悬空梁板、雨篷等特殊部位支拆模板、扎筋、浇混凝土等项作业都属于悬空作业，由于是在不稳定的条件下施工作业，危险性很大。

（2）悬空作业处应有牢靠的立足处，并必须视具体情况，配置防护栏网、栏杆或其他安全设施。

1）悬空作业所用的索具、脚手板、吊篮、吊笼、平台等设备，均需经过技术鉴定或检证方可使用。

2）构件吊装和管道安装时的悬空作业，必须遵守下列规定：

① 钢结构的吊装，构件应尽可能在地面组装，并应搭设进行临时固定、电焊、高强螺栓连接等工序的高空安全设施，随构件同时上吊就位。拆卸时的安全措施，亦应一并考虑和落实。高空吊装预应力钢筋混凝土屋架、桁架等大型构件前，也应搭设悬空作业中所需的安全设施。

② 悬空安装大模板、吊装第一块预制构件、吊装单独的大中型预制构件时，必须站在操作平台上操作。吊装中的大模板和预制构件以及石棉水泥板等屋面板上，严禁站人和行走。

③ 安装管道时必须有已完结构或操作平台为立足点，严禁在安装中的管道上站立和行走。

3）模板支撑和拆卸时的悬空作业，必须遵守下列规定：

① 支模应按规定的作业程序进行，模板未固定前不得进行下一道工序。严禁在连接件和支撑件上攀登上下，并严禁在上下同一垂直面上装、拆模板。结构复杂的模板，装、拆应严格按照施工组织设计的措施进行。

② 支设高度在 3m 以上的柱模板，四周应设斜撑，并应设立操作平台。低于 3m 的可使用马凳操作。

③ 支设悬挑形式的模板时，应有稳固的立足点。支设临空

构筑物模板时，应搭设支架或脚手架。模板上有预留洞时，应在安装后将洞盖没。混凝土板上拆模后形成的临边或洞口，应进行防护。拆模高处作业、应配置登高用具或搭设支架。

4）钢筋绑扎时的悬空作业，必须遵守下列规定：

① 绑扎钢筋和安装钢筋骨架时，必须搭设脚手架和马道。

② 绑扎圈梁、挑梁、挑檐、外墙和边柱等钢筋时，应搭设操作台架和张挂安全网。悬空大梁钢筋的绑扎，必须在满铺脚手板的支架或操作平台上操作。

③ 绑扎立柱和墙体钢筋时，不得站在钢筋骨架上或攀登骨架上下。3m 以内的柱钢筋，可在地面或楼面上绑扎，整体竖立。绑扎 3m 以上的柱钢筋，必须搭设操作平台。

5）混凝土浇筑时的悬空作业，必须遵守下列规定：

① 浇筑离地 2m 以上框架、过梁、雨篷和小平台时，应设操作平台，不得直接站在模板或支撑件上操作。

② 浇筑拱形结构，应自两边拱脚对称地相向进行。浇筑储仓，下口应先行封闭，并搭设脚手架以防人员坠落。

③ 特殊情况下如无可靠的安全设施，必须系好安全带并扣好保险钩，或架设安全网。

6）进行预应力张拉的悬空作业时，必须遵守下列规定：

① 进行预应力张拉时，应搭设站立操作人员和设置张拉设备用的牢固可靠的脚手架或操作平台。雨天张拉时，还应架设防雨篷。

② 预应力张拉区域应标示明显的安全标志，禁止非操作人员进入。张拉钢筋的两端必须设置挡板。挡板应距所张拉钢筋的端部 1.5～2m，且应高出最上一组张拉钢筋 0.5m，其宽度应距张拉钢筋两外侧各不小于 1m。

③ 孔道灌浆应按预应力张拉安全设施的有关规定进行。

7）悬空进行门窗作业时，必须遵守下列规定：

① 安装门、窗，油漆及安装玻璃时，严禁操作人员站在樘子、阳台栏板上操作。门、窗临时固定，封填材料未达到强度，

以及电焊时，严禁手拉门、窗进行攀登。在高处外墙安装门、窗，无外脚手架时，应张挂安全网。无安全网时，操作人员应系好安全带，其保险钩应挂在操作人员上方的可靠物件上。

② 进行各项窗口作业时，操作人员的重心应位于室内，不得在窗台上站立，必要时应系好安全带进行操作。

7. 交叉作业

（1）交叉作业是指：在施工现场的上下不同层次，于空间贯通状态下同时进行的高处作业。

（2）支模、粉刷、砌墙等各工种进行上下立体交叉作业时，不得在同一垂直方向上操作。下层作业的位置，必须处于依上层高度确定的可能坠落范围半径之外。不符合以上条件时，应设置安全防护层。

（3）钢模板、脚手架等拆除时，下方不得有其他操作人员。

（4）钢模板部件拆除后，临时堆放处离楼层边沿不应小于1m，堆放高度不得超过1m。楼层边口、通道口、脚手架边缘等处，严禁堆放任何拆下物件。

（5）结构施工自二层起，凡人员进出的通道口（包括井架、施工用电梯的进出通道口），均应搭设安全防护棚。高度超过24m的层上的交叉作业，应设双层防护。

（6）由于上方施工可能坠落物件或处于起重机把杆回转范围之内的通道，在其受影响的范围内，必须搭设顶部能防止穿透的双层防护廊。

六、施工现场消防安全知识

(一) 消防知识概述

1. 消防工作方针：预防为主，防消结合

预防为主：就是不论在指导思想上还是在具体行动上，都要把火灾的预防工作放在首位，贯彻落实各项防火行政措施、技术措施和组织措施，切实有效地防止火灾的发生。同时，由于消防安全工作涉及千家万户以及每个公民个人的切身利益，所以我们贯彻预防为主的方针，就必须在工作中动员和依靠人民群众，宣传和教育群众，使消防工作建立在坚实的群众基础之上。

防消结合：是指同火灾作斗争的两个基本手段——预防和扑救两者必须有机地结合起来。也就是在做好防火工作的同时，要积极做好各项灭火准备工作，以便一旦发生火灾时能够迅速有效地予以扑救，最大限度地减少火灾损失，减少人员伤亡，有效地保护公民生命、国家和公民财产的安全。

2. 消防安全工作的原则：安全第一，属地管理，专门机关与群众路线相结合，"谁主管，谁负责"

(1) "安全第一"的原则

所谓"安全第一"，就是其他工作与安全工作发生矛盾时，应当把安全工作放在第一位。这个原则是周恩来总理提出来的，它明确了企业生产中安全与生产的辩证关系，是企业消防安全管理的指导思想。其基本含义就是生产必须服从安全，只有安全才能促进生产。

(2) "属地管理为主"的原则

所谓"属地管理为主",是指无论什么企业或单位,其消防安全工作均由其所在地的政府为主管理,并接受所在地公安消防机关的监督。《中华人民共和国消防法》第三条规定,"消防工作由国务院领导,由地方各级人民政府负责。各级人民政府应当将消防工作纳入国民经济和社会发展计划,保障消防工作与经济建设和社会发展相适应";第四条规定,"军事设施、矿井地下部分、核电厂的消防工作,由其主管单位监督管理"。"森林、草原的消防工作,法律、行政法规另有规定的,从其规定"。

(3)专门机关与群众路线相结合的原则

根据《中华人民共和国消防法》第二条的规定,我国的消防工作实行"专门机关与群众路线相结合"的原则。

消防工作没有一支专业化的队伍,没有专门机关的管理,就会放任自流,火灾也难以得到有效的控制;没有广大人民群众的参与,消防工作就会失去基础,就会丧失全社会抗御火灾的整体能力。

(4)"谁主管,谁负责"的原则

所谓"谁主管,谁负责",简单释义就是谁抓哪项工作,谁就应对哪项工作负责。对消防工作而言,就是说谁是哪个单位的法定代表人,谁就应对哪个单位的消防安全负责;法定代表人授权某项工作的领导人,要对自己主管内的消防安全负责;各部门、车间、班组负责人以至每个职工,都要对自己管辖工作范围内的消防安全负责。

3. 燃烧

(1)燃烧一般性化学定义:燃烧是可燃物跟助燃物(氧化剂)发生的一种剧烈的发光、发热的氧化反应。

燃烧的广义定义:燃烧是指任何发光发热的剧烈的反应,不一定要有氧气参加。

(2)燃烧可分为:闪燃、爆炸、着火、自燃。

(3)燃烧条件:1)可燃物:不论固体、液体和气体,凡能与空气中氧或其他氧化剂起剧烈反应的物质,一般都是可燃物质，如木材、纸张、汽油、酒精、煤气等。

2）助燃物：凡能帮助和支持燃烧的物质叫助燃物。一般指氧和氧化剂，主要是指空气中的氧。这种氧称为空气氧，在空气中约占21%。可燃物质没有氧参加化合是不会燃烧的。如燃烧1kg石油就需要 $10\sim12m^3$ 空气。燃烧1kg木材就需要 $4\sim5m^3$ 空气。当空气供应不足时，燃烧会逐渐减弱，直至熄灭。当空气的含氧量低于14%～18%时，就不会发生燃烧。

3）火源：凡能引起可燃物质燃烧的能源都叫火源，如明火、摩擦，冲击，电火花等等。

具备以上三个条件，物质才能燃烧。例如生火炉，只有具备了木材（可燃物），空气（助燃物），火柴（火源）三个条件，才能使火炉点燃。

4. 灭火

（1）隔离法：将正在发生燃烧的物质与其周围可燃物隔离或移开，燃烧就会因为缺少可燃物而停止。如将靠近火源处的可燃物品搬走，拆除接近火源的易燃建筑，关闭可燃气体、液体管道阀门，减少和阻止可燃物质进入燃烧区域等等。

（2）窒息法：阻止空气流入燃烧区域，或用不燃烧的惰性气体冲淡空气，使燃烧物得不到足够的氧气而熄灭。如用二氧化碳、氮气、水蒸气等惰性气体灌注容器设备，用石棉毯、湿麻袋、湿棉被、黄沙等不燃物或难燃物覆盖在燃烧物上，封闭起火的建筑或设备的门窗、孔洞等等。

（3）冷却法：将灭火剂（水、二氧化碳等）直接喷射到燃烧物上把燃烧物的温度降低到可燃点以下，使燃烧停止；或者将灭火剂喷洒在火源附近的可燃物上，使其不受火焰辐射热的威胁，避免形成新的着火点。此法为灭火的主要方法。

（4）抑制法（化学法）：将有抑制作用的灭火剂喷射到燃烧区，并参加到燃烧反应过程中去，使燃烧反应过程中产生的游离基消失，形成稳定分子或低活性的游离基，使燃烧反应终止。目前使用的干粉灭火剂、1211等均属此类灭火剂。

5. 动力防火分区

（1）所谓防火分区是指采用防火分隔措施划分出的、能在一定时间内防止火灾向同一建筑的其余部分蔓延的局部区域（空间单元）。在建筑物内采用划分防火分区这一措施，可以在建筑物发生火灾时，有效地把火势控制在一定的范围内，减少火灾损失，同时可以为人员安全疏散、消防扑救提供有利条件。

（2）防火分区，按照防止火灾向防火分区以外扩大蔓延的功能可分为两类：

其一是竖向防火分区，用以防止多层或高层建筑物层与层之间竖向发生火灾蔓延，竖向防火分区是指用耐火性能较好的楼板及窗间墙（含窗下墙），在建筑物的垂直方向对每个楼层进行的防火分隔。

其二是水平防火分区，用以防止火灾在水平方向扩大蔓延。水平防火分区是指用防火墙或防火门、防火卷帘等防火分隔物将各楼层在水平方向分隔出的防火区域。它可以阻止火灾在楼层的水平方向蔓延。防火分区应用防火墙分隔。如确有困难时，可采用防火卷帘加冷却水幕或闭式喷水系统，或采用防火分隔水幕分隔。

（3）从防火的角度看，防火分区划分得越小，越有利于保证建筑物的防火安全。但如果划分得过小，则势必会影响建筑物的使用功能，这样做显然是行不通的。

防火分区面积大小的确定应考虑建筑物的使用性质、重要性、火灾危险性、建筑物高度、消防扑救能力以及火灾蔓延的速度等因素。

我国现行的《建筑设计防火规范》GB 50016—2014、《人民防空工程设计防火规范》GB 50098—2009 等均对建筑的防火分区面积作了规定，在设计、审核和检查时，必须结合工程实际，严格执行。

建筑防火分区：单层、多层民用建筑防火分区面积是以建筑面积计算的。

6. 施工现场动火

（1）施工现场动火部位：钢筋焊接、混凝土表面钢附着物的切割、预埋件制作安装、预埋螺栓安装、钢结构安装、设备安装、各类管道安装、防雷接地安装等。

（2）动火等级的划分：一、二、三级动火的情况划分。

1）凡属下列情况之一的动火，均为一级动火。

① 禁火区域内。

② 油罐、油箱、油槽车和储存过可燃气体、易燃液体的容器及与其连接在一起的辅助设备。

③ 各种受压设备。

④ 危险性较大的登高焊、割作业。

⑤ 比较密封的室内、容器内、地下室等场所。

⑥ 现场堆有大量可燃和易燃物质的场所。

2）凡属下列情况之一的动火，均为二级动火。

① 在具有一定危险因素的非禁火区域内进行临时焊、割等用火作业。

② 小型油箱等容器用火作业。

③ 登高焊、割等用火作业。

3）在非固定的、无明显危险因素的场所进行用火作业，均属三级动火作业。

（3）动火审批程序：

一级动火作业由项目负责人组织编制防火安全技术方案，填写动火申请表，报企业安全管理部门审查批准后，方可动火。

二级动火作业由项目责任工程师组织拟定防火安全技术措施，填写动火申请表，报项目安全管理部门和项目负责人审查批准后，方可动火。

三级动火作业由所在班组填写动火申请表，经项目责任工程师和项目安全管理部门审查批准后，方可动火。

7. 火灾

火灾是指在时间和空间上失去控制的燃烧所造成的灾害。在各种灾害中，火灾是最经常、最普遍地威胁公众安全和社会发展的主要灾害之一。人类能够对火进行利用和控制，是文明进步的一个重要标志。所以说人类使用火的历史与同火灾作斗争的历史是相伴相生的，人们在用火的同时，不断总结火灾发生的规律，尽可能地减少火灾及其对人类造成的危害。

（1）火灾类型

《火灾分类》GB/T4968－2008，火灾根据可燃物的类型和燃烧特性，分为A、B、C、D、E、F六类，见表6-1。

可燃物类别划分   表6-1

特征（可燃物的类型和燃烧特性）	类别
固体物质火灾。这种物质通常具有有机物质性质，一般在燃烧时能产生灼热的余烬。如木材、煤、棉、毛、麻、纸张等火灾	A
指液体或可熔化的固体物质火灾。如煤油、汽油、柴油、原油、甲醇、乙醇、沥青、石蜡等火灾	B
指气体火灾。如煤气、天然气、甲烷、乙烷、丙烷、氢气等火灾	C
指金属火灾。如钾、钠、镁、铝镁合金等火灾	D
指带电火灾。物体带电燃烧的火灾	E
指烹饪器具内的烹饪物。如动植物油脂火灾	F

（2）根据2007年6月26日公安部下发的《关于调整火灾等级标准的通知》，新的火灾等级标准由原来的特大火灾、重大火灾、一般火灾三个等级调整为特别重大火灾、重大火灾、较大火灾和一般火灾四个等级，见表6-2。

火灾等级划分   表6-2

造成死亡人数（人）	重伤人数（人）	财产损失（元）	等级
30以上	100以上	1亿以上	特别重大火灾
10～30	50～100	5000万～1亿	重大火灾

造成死亡人数（人）	重伤人数（人）	财产损失（元）	等级
3～10	10～50	1000万～5000万	较大火灾
3以下	10以下	1000万以下	一般火灾

注："以上"包括本数，"以下"不包括本数。

（3）火灾危险性

火灾危险性是指火灾发生的可能性与暴露于火灾或燃烧产物中而产生的预期有害程度的综合反应。

生产的火灾危险性根据生产中使用或产生的物质性质及其数量等因素，分为甲、乙、丙、丁、戊类。（注：同一座仓库的任一防火分区内储存不同火灾危险性物品时，该仓库或防火分区的火灾危险性应按其中火灾危险性最大的类别确定。丁、戊类储存物品的可燃包装重量大于物品本身重量的1/4的仓库，其火灾危险性应按丙类确定。）

储存物品的火灾危险性根据储存物品的性质及其数量等因素，分为甲、乙、丙、丁、戊类。以下是各类不同仓库类别的储存物品的火灾危险性特征：

甲类：

闪点小于28℃的液体。

爆炸下限小于10％的气体，以及受到水或空气中的水蒸气的作用，能产生爆炸下限小于10％气体的固体物质。

常温下能自行分解或在空气中氧化能导致迅速自燃或爆炸的物质。

常温下受到水或空气中水蒸气的作用，能产生可燃气体并引起燃烧或爆炸的物质。

遇酸、受热、撞击、摩擦以及遇有机物或硫磺等易燃的无机物，极易引起燃烧或爆炸的强氧化剂。

受撞击、摩擦或与氧化剂、有机物接触时能引起燃烧或爆炸的物质。

乙类：

闪点大于等于28℃，但小于60℃的液体。

爆炸下限大于等于 10％的气体。

不属于甲类的氧化剂。

不属于甲类的化学易燃危险固体。

助燃气体。

常温下与空气接触能缓慢氧化，积热不散引起自燃的物品。

丙类：

闪点大于等于 60℃的液体。

可燃固体。

丁类：难燃烧物品。

戊类：不燃烧物品。

（注：同一座仓库或仓库的任一防火分区储存不同火灾危险物品时，该仓库或防火分区的火灾危险性按其中危险性最大的类别确定。）

8. 施工现场火灾处置措施：

（1）立即组织营救受害人员，组织撤离或者采取其他措施保护危害区域内的其他人员。抢救受害人员是应急救援的首要任务，在应急救援行动中，快速、有序、有效地实施现场急救与安全转送伤员是降低伤亡率、减少事故损失的关键。由于重大事故发生突然、扩散迅速、涉及范围广、危害大，应及时教育和组织职工采取各种措施进行自身防护，必要时迅速撤离危险区或可能受到危害的区域。在撤离过程中，应积极组织职工开展自救和互救工作。

（2）迅速控制事态，并对火灾事故造成的危害进行检测、监测、测定事故的危害区域、危害性质及危害程度。及时控制住造成火灾事故的危险源是应急救援工作的重要任务，只有及时地控制住危险源，防止事故的继续扩展，才能及时有效进行救援。发生火灾事故，应尽快组织义务消防队与救援人员一起及时控制事故继续扩展。

（3）消除危害后果，做好现场恢复。针对事故和人体、土壤、空气等造成的现实危害和可能的危害，迅速采取封闭、隔离、洗消、检测等措施，防止对人的继续危害和对环境的污染。

及时清理废墟和恢复基本设施。将事故现场恢复至相对稳定的基本状态。

（4）查清事故原因，评估危害程度。事故发生后应及时调查事故发生的原因和事故性质，评估出事故的危害范围和危险程度，查明人员伤亡情况，做好事故调查。

（5）立即报警。当接到发生火灾信息时，应确定火灾的类型和大小，并立即报告防火指挥系统，防火指挥系统启动紧急预案。指挥小组要迅速报"119"火警电话，并及时报告上级领导，便于及时扑救处置火灾事故。

（6）组织扑救火灾。当施工现场发生火灾时，应急准备与响应指挥部及时报警，并要立即组织基地或施工现场义务消防队员和职工进行扑救火灾，义务消防队员选择相应器材进行扑救。扑救火灾时要按照"先控制，后灭火；救人重于救火；先重点，后一般"的灭火战术原则。派人切断电源，接通消防水泵电源，组织抢救伤亡人员，隔离火灾危险源和重点物资，充分利用项目中的消防设施器材进行灭火。

1）灭火组：在火灾初期阶段使用灭火器、室内消火栓进行火灾扑救。

2）疏散组：根据情况确定疏散、逃生通道，指挥撤离，并维持秩序和清点人数。

3）救护组：根据伤员情况确定急救措施，并协助专业医务人员进行伤员救护。

4）保卫组：做好现场保护工作，设立警示牌，防止二次火险。

（7）人员疏散是减少人员伤亡扩大的关键，也是最彻底的应急响应。在现场平面布置图上绘制疏散通道，一旦发生火灾等事故，人员可按图示疏散撤离到安全地带。

（8）协助公安消防队灭火：联络组拨打119、120求救，并派人到路口接应。当专业消防队到达火灾现场后。火灾应急小组成员要简要向消防队负责人说明火灾情况，并全力协助消防队员灭火，听从专业消防队指挥，齐心协力，共同灭火。

（9）现场保护。当火灾发生时和扑灭后，指挥小组要派人保护好现场，维护好现场秩序，等待事故原因和对责任人调查。同时应立即采取善后工作，及时清理，将火灾造成的垃圾分类处理以及其他有效措施，使火灾事故对环境造成的污染降低到最低限度。

（10）火灾事故调查处置。按照公司事故、事件调查处理程序规定，火灾发生情况报告要及时按"四不放过"原则进行查处。事故后分析原因，编写调查报告，采取纠正和预防措施，负责对预案进行评价并改善预案。火灾发生情况报告应急准备与响应指挥小组要及时上报公司。

（二）施工现场消防器材的配置和使用

1. 消防器材

消防器材是指用于灭火、防火以及火灾事故的器材。用于专业灭火的器材。最常见的消防器材：灭火器，它按驱动灭火器的压力型式可分为三类：

（1）贮气式灭火器。灭火剂由灭火器上的贮气瓶释放的压缩气体的或液化气体的压力驱动的灭火器。

（2）贮压式灭火器。灭火剂由灭火器同一容器内的压缩气体或灭火蒸气的压力驱动的灭火器。

（3）化学反应式灭火器。灭火剂由灭火器内化学反应产生的气体压力驱动的灭火器。

2. 器材选择

（1）扑救 A 类火灾即固体燃烧的火灾应选用水型、泡沫、磷酸铵盐干粉、卤代烷型灭火器。A 类火灾：指固体物质火灾。这种物质往往具有有机物性质，一般在燃烧时能产生灼热的余烬。如木材、棉、毛、麻、纸张火灾等。

（2）扑救 B 类即液体火灾和可熔化的固体物质火灾应选用

干粉、泡沫、卤代烷、二氧化碳型灭火器（这里值得注意的是，化学泡沫灭火器不能灭 B 类极性溶性溶剂火灾，因为化学泡沫与有机溶剂按触，泡沫会迅速被吸收，使泡沫很快消失，这样就不能起到灭火的作用。醇、醛、酮、醚、酯等都属于极性溶剂）。B 类火灾：指液体火灾和可熔化的固体物质火灾。如汽油、煤油、原油、甲醇、乙醇、沥青等。

（3）扑救 C 类火灾即气体燃烧的火灾应选用干粉、卤代烷、二氧化碳型灭火器。C 类火灾：指气体火灾。如煤气、天然气、甲烷、乙烷等。

（4）扑救 D 类火灾即金属燃烧的火灾，就我国情况来说，还没有定型的灭火器产品。国外灭 D 类的灭火器主要有粉装石墨灭火器和灭金属火灾专用干粉灭火器。在国内尚未定型生产灭火器和灭火剂的情况下可采用干砂或铸铁沫灭火。D 类火灾：指金属火灾。如钾、钠、镁、钛、铝镁合金等。

（5）扑救 E 类火灾应选用磷酸按盐干粉、卤代烷型灭火器。E 类火灾：指带电物体的火灾。如发电机房、变压器室、配电间、仪器仪表间和电子计算机房等在燃烧时不能及时或不宜断电的电气设备带电燃烧的火灾。

（6）扑救 F 类火灾，即烹饪器具内的烹饪物（动植物油脂）火灾。灭火时忌用水、泡沫及含水性物质，应使用窒息灭火方式隔绝氧气进行灭火。

3. 灭火类消防器材

灭火器具包含：七氟丙烷灭火装置、二氧化碳灭火器、1211灭火器、干粉灭火器、酸碱泡沫灭火器、四氯化碳灭火器、灭火器挂具、机械泡沫灭火器、水型灭火器、其他灭火器具等。

灭火器是一种可由人力移动的轻便灭火器具，它能在其内部压力作用下，将所充装的灭火剂喷出，用来扑救火灾。灭火器种类繁多，其适用范围也有所不同，只有正确选择灭火器的类型，才能有效地扑救不同种类的火灾，达到预期的效果。我国现行的国家标准将灭火器分为手提式灭火器和车推式灭火器。

（1）干粉灭火器内充装的是干粉灭火剂。干粉灭火剂是用于灭火的干燥且易于流动的微细粉末，由具有灭火功能的无机盐和少量添加剂经干燥、粉碎、混合而成。

（2）风力灭火器就是消除掉第三个条件温度，使火焰熄灭。风力灭火器将大股的空气高速吹向火焰，使燃烧的物体表面温度迅速下降，当温度低于燃点时，燃烧就停止了。这就是风力灭火器的原理。

风力灭火器结构很简单，一个电动马达、风叶、风管、电池。

（3）二氧化碳具有较高的密度，约为空气的 1.5 倍。在常压下，液态的二氧化碳会立即汽化，一般 1kg 的液态二氧化碳可产生约 $0.5m^3$ 的气体。因而，灭火时，二氧化碳气体可以排除空气而包围在燃烧物体的表面或分布于较密闭的空间中，降低可燃物周围或防护空间内的氧浓度，产生窒息作用而灭火。另外，二氧化碳从储存容器中喷出时，会由液体迅速汽化成气体，而从周围吸引部分热量，起到冷却的作用。

二氧化碳灭火器主要用于扑救贵重设备、档案资料、仪器仪表、600V 以下电气设备及油类的初起火灾。

（4）清水灭火器中的灭火剂为清水。水在常温下具有较低的粘度、较高的热稳定性、较大的密度和较高的表面张力，是一种古老而又使用范围广泛的天然灭火剂，易于获取和储存。它主要依靠冷却和窒息作用进行灭火。因为每千克水自常温加热至沸点并完全蒸发汽化，可以吸收 2593.4kJ 的热量。因此，它利用自身吸收显热和潜热的能力发挥冷却灭火作用，是其他灭火剂所无法比拟的。此外，水被汽化后形成的水蒸气为惰性气体，且体积将膨胀 1700 倍左右。在灭火时，由水汽化产生的水蒸气将占据燃烧区域的空间、稀释燃烧物周围的氧含量，阻碍新鲜空气进入燃烧区，使燃烧区内的氧浓度大大降低，从而达到窒息灭火的目的。当水呈喷淋雾状时，形成的水滴和雾滴的表面积将大大增加，增强了水与火之间的热交换作用，从而强化了其冷却和窒息作用。另外，对一些易溶于水的可燃、易燃液体还可起稀释作用；采用强射流产生的水雾可使可燃、易燃液体产生乳化作用，使液体表面迅速冷却、可燃蒸气产生速度下降而达到灭火的目的。

（5）简易式灭火器

是近几年开发的轻便型灭火器。它的特点是灭火剂充装量在500g以下，压力在0.8MPa以下，而且是一次性使用，不能再充装的小型灭火器。按充入的灭火剂类型分，简易式灭火器有1211灭火器，也称气雾式卤代烷灭火器；简易式干粉灭火器，也称轻便式干粉灭火器；还有简易式空气泡沫灭火器，也称轻便式空气泡沫灭火器。简易式灭火器适用于家庭使用，简易式1211灭火器和简易式干粉灭火器可以扑救液化石油气灶及钢瓶上角阀，或煤气灶等处的初起火灾，也能扑救火锅起火和废纸篓等固体可燃物燃烧的火灾。简易式空气泡沫适用于油锅、煤油炉、油灯和蜡烛等引起的初起火灾，也能对固体可燃物燃烧的火灾进行扑救。

4. 灭火器使用方法

（1）手提式干粉式灭火器

可手提或肩扛灭火器快速奔赴火场，在距燃烧处5m左右，放下灭火器。如在室外，应选择在上风方向喷射。使用的干粉灭火器若是外挂式储压式的，操作者应一手紧握喷枪、另一手提起储气瓶上的开启提环。如果储气瓶的开启是手轮式的，则向逆时针方向旋开，并旋到最高位置，随即提起灭火器。当干粉喷出后，迅速对准火焰的根部扫射。使用的干粉灭火器若是内置式储气瓶的或者是储压式的，操作者应先将开启把上的保险销拔下，然后握住喷射软管前端喷嘴部，另一只手将开启压把压下，打开灭火器进行灭火。有喷射软管的灭火器或储压式灭火器在使用时，一手应始终压下压把，不能放开，否则会中断喷射。

干粉灭火器扑救可燃、易燃液体火灾时，应对准火焰腰部扫射，如果被扑救的液体火灾呈流淌燃烧时，应对准火焰根部由近而远，并左右扫射，直至把火焰全部扑灭。如果可燃液体在容器内燃烧，使用者应对准火焰根部左右晃动扫射，使喷射出的干粉流覆盖整个容器开口表面；当火焰被赶出容器时，使用者仍应继续喷射，直至将火焰全部扑灭。在扑救容器内可燃液体火灾时，应注意不能将喷嘴直接对准液面喷射，防止喷流的冲击力使可燃液体溅出而扩大火势，造成灭火困难。如果当可燃液体在金属容器中燃烧时间过长，容器的壁温已高于扑救可燃液体的自燃点，此时极易造成灭火后再复燃的现象，若与泡沫类灭火器连用，则灭火效果更佳。

使用干粉灭火器扑救固体可燃物火灾时，应对准燃烧最猛烈处喷射，并上下、左右扫射。如条件许可，使用者可提着灭火器沿着燃烧物的四周边走边喷，使干粉灭火剂均匀地喷在燃烧物的表面，直至将火焰全部扑灭。

（2）手提式 1211 灭火器

使用手提式 1211 灭火器先拔掉保险销，然后一手开启压把，另一手握喇叭喷桶的手柄，紧握开启压把即可喷出。国家逐步限制使用，主要是因为卤代烷对大气造成污染，对人体有害。二氧化碳灭火器正逐步取代 1211 灭火器，使用方法同 1211 灭火器的使用方法一样。但是在使用二氧化碳必须注意手不要握喷管或喷嘴，防止冻伤。

（3）35kg 推车式干粉灭火器

使用 35kg 推车式干粉灭火器需两个人操作，一个人取下喷枪，并展开软管，然后用手扣住扳机；另一个人拔出开启机构的保险销，并迅速开启灭火器的开启机构。

（4）泡沫灭火器

泡沫灭火器的灭火液由硫酸铝、碳酸氢钠和甘草精组成。灭火时，将泡沫灭火器倒置，泡沫即可喷出，覆盖着火物而达到灭火目的。适用于扑灭桶装油品、管线、地面的火灾。不适用于电气设备和精密金属制品的火灾。

（5）四氯化碳灭火器

四氯化碳汽化后是无色透明、不导电、密度较空气大的气体。灭火时，将机身倒置，喷嘴向下，旋开手阀，即可喷向火焰使其熄灭。适用于扑灭电器设备和贵重仪器设备的火灾。四氯化碳毒性大，使用者要站在上风口。在室内，灭火后要及时通风。

（6）二氧化碳灭火器

二氧化碳是一种不导电的气体，密度较空气大，在钢瓶内的高压下为液态。灭火时，只需扳动开关，二氧化碳即以气流状态喷射到着火物上，隔绝空气，使火焰熄灭。适用于精密仪器、电气设备以及油品化验室等场所的小面积火灾。二氧化碳由液态变为气态时，大量吸热，温度极低（可达到－80℃），要避免冻伤。同时，二氧化碳虽然无毒，但是有窒息作用，应尽量避免吸入。

5. 识别

（1）从外观看真假。购买消防产品时，除了要查看经销商的营业执照是否合法外，还要详查消防产品的外观。

（2）从证书识真假。要查看产品是否有检验报告或认证证书。实行强制性产品认证的消防产品有 4 类 12 种。实行消防产品形式认可制度的消防产品有 9 类。

（3）网上查真假。消费者可以登录"公安部消防产品合格评定中心"网站查询核对。

（4）通过简单测试的方法进行鉴别。如消防应急照明灯和疏散指示标志灯，外观明显位置上贴有防伪的红色"S"身份证标识。持续供电时间少于 90 分钟，则为不合格消防产品。

6. 施工现场灭火器材的配置

（1）要求：

1）临时搭设的建筑物区域内每 $100m^2$ 配备 2 只 10L 灭火器。

2）大型临时设施总面积超过 $1200m^2$，应配有专供消防用的太平桶、积水桶（池）、黄沙池，且周围不得堆放易燃物品。

3）临时木工间、油漆间、木机具间等，每 $25m^2$ 配备一只灭火器。油库、危险品库应配备数量与种类合适的灭火器、高压水泵。

4）应有足够的消防水源，其进水口一般不应少于两处。

5）室外消火栓应沿消防车道或堆料场内交通道路的边缘设置，消火栓之间的距离不应大于 120m；消防箱内消防水管长度满足不小于 25m 的要求

（2）图例：每个▲代表一具灭火器。

（三）施工现场的消防措施

1. 消防组织管理措施

（1）建立消防组织体系。

1）成立施工现场消防安全工作领导小组

以总承包商项目经理为组长，项目生产副经理为副组长，安全环境部全体员工、各专业施工员、分包商负责人、各专业施工队队长、现场保安员为组员。一旦发生火灾事故，负责指挥、协调扑救工作。

2）成立义务消防队

义务消防队由消防安全工作小组确定，发生火灾时，按照领导小组指挥，积极参加扑救工作。

（2）编制施工现场消防管理制度。

应包括下列主要内容：

1）消防安全教育与培训制度；

2）可燃及易燃危险品管理制度；

3）用火、用电、用气管理制度；

4）消防安全检查制度；

5）应急预案演练制度。

（3）施工单位应编制施工现场防火技术方案，并应根据现场情况变化及时对其修改、完善。

防火技术方案应包括下列主要内容：

1）施工现场重大火灾危险源辨识；

2）施工现场防火技术措施；

3）临时消防设施、临时疏散设施配备；

4）临时消防设施和消防警示标识布置图。

（4）施工单位应编制施工现场灭火及应急疏散预案。

灭火及应急疏散预案应包括下列主要内容：

1）应急灭火处置机构及各级人员应急处置职责；

2）报警、接警处置的程序和通讯联络的方式；

3）扑救初起火灾的程序和措施；

4）应急疏散及救援的程序和措施。

（5）施工人员进场前，施工现场的消防安全管理人员应向施工人员进行消防安全教育和培训。

防火安全教育和培训应包括下列内容：

1）施工现场消防安全管理制度、防火技术方案、灭火及应急疏散预案的主要内容；

2）施工现场临时消防设施的性能及使用、维护方法；

3）扑灭初起火灾及自救逃生的知识和技能；

4）报火警、接警的程序和方法。

（6）施工作业前，施工现场的施工管理人员应向作业人员进行消防安全技术交底。

消防安全技术交底应包括下列主要内容：

1）施工过程中可能发生火灾的部位或环节；

2）施工过程应采取的防火措施及应配备的临时消防设施；

3）初起火灾的补救方法及注意事项；

4）逃生方法及路线。

（7）施工过程中，施工现场的消防安全负责人应定期组织消防安全管理人员对施工现场的消防安全进行检查。

消防安全检查应包括下列主要内容：

1）可燃物及易燃危险品的管理是否落实；

2）动火作业的防火措施是否落实；

3）用火、用电、用气是否存在违章操作，电、气焊及保温防水施工是否执行操作规程；

4）临时消防设施是否完好有效；

5）临时消防车道及临时疏散设施是否畅通。

（8）施工单位应依据灭火及应急疏散预案，定期开展灭火及应急疏散的演练。

（9）施工单位应做好并保存施工现场消防安全管理的相关文件和记录，施工现场必须建立健全现场消防安全管理档案和资料。

包括：

1）消防设施平面图；

2）消防制度、方案、预案；

3）消防组织机构、负责人、义务消防队；

4）消防设施、器材等维修验收记录；

5）电气焊人员持证上岗记录及复印件；

6）施工现场消防检查记录。

2. 施工现场平面布置的防火要求

（1）施工现场要明确划分出：禁火作业区（易燃、可燃材料的堆放场地）、仓库区（易燃废料的堆放区）和现场的生活区。各区域之间一定要有可靠的防火间距：

1）禁火作业区距离生活区不小于15m，距离其他区域不小于25m。

2）易燃、可燃材料堆料场及仓库距离修建的建筑物和其他区不小于20m。

3）易燃的废品集中场地距离修建的建筑物和其他区域不小于30m。

4）防火间距内，不应堆放易燃和可燃材料。

（2）施工现场的道路，夜间要有足够的照明设备。禁止在高压架空电线下面搭设临时性建筑物或堆放可燃材料。

（3）施工现场必须设立消防车通道，其宽度应不小于3.5m，并且在工程施工的任何阶段都必须通行无阻，施工现场的消防水源，要筑有消防车能驶入的道路，如果不可能修建出通道时，应在水源（池）一边铺砌停车和回车空地。

（4）建筑工地要设有足够的消防水源（给水管道或蓄水池），对有消防给水管道设计的工程，应在建筑施工时，先敷设好室外消防给水管道与消火栓。

（5）临时性的建筑物、仓库以及正在修建的建（构）筑物道旁，都应该配置适当种类和一定数量的灭火器，并布置在明显和便于取用的地点。冬期施工还应对消防水池、消火栓和灭火器等做好防冻工作。

（6）作业棚和临时生活设施的规划和搭建，防火涂料，必须符合下列要求：

1）临时生活设施应尽可能搭建在距离修建的建筑物 20m 以外的地区，禁止搭设在高压架空电线的下面，距离高压架空电线的水平距离不应小于 6m。

2）临时宿舍与厨房、锅炉房、变电所和汽车库之间的防火距离，应不小于 15m。

3）临时宿舍等生活设施，距离铁路的中心线以及小量易燃品贮藏室的间距不小于 30m。

4）临时宿舍距火灾危险性大的生产场所不得小于 30m。

5）为贮存大量的易燃物品、油料、炸药等所修建的临时仓库，与永久工程或临时宿舍之间的防火间距应根据所贮存的数量，按照有关规定确定。

（7）在独立的场地上修建成批的临时宿舍，应当分组布置，每组最多不超过二幢，组与组之间的防火距离，在城市市区不小于 20m，在农村应不小于 10m。临时宿舍简易楼房的层高应当控制在两层以内，每层应当设置两个安全通道。

（8）生产工棚包括仓库，无论有无用火作业或取暖设备，室内最低高度一般不应低于 2.8m，其门的宽度要大于 1.2m，并且要双扇向外。

3. 焊割作业防火安全要求

（1）金属焊接作业时必须注意以下几个方面：

1）乙炔瓶应安装回火防止器，防止氧气倒回发生事故；

2）乙炔瓶应放置在距离明火 10m 以外的地方，严禁倒放；

3）使用时乙炔瓶和氧气瓶的距离不得小于 5m，不得放置在高压线下面或在太阳下曝晒；

4）每天操作前都必须对乙炔瓶和氧气瓶进行认真的检查；

5）电焊机应有良好的隔离防护装置，电焊机的绝缘电阻不得小于 1MΩ；

6）电焊机的接线柱、接线孔等应当在绝缘板上，并有防护罩保护；

7）电焊机应放置在避雨干燥的地方；

8）室内焊接时，电焊机的位置、线路敷设和操作地点的选择应符合防火安全要求，作业前必须进行检查，焊接导线要有足够的截面；

9）严禁将焊接导线搭在氧气瓶、乙炔瓶、发生器、煤气、液化气等易燃易爆设备上。

（2）金属焊接作业前要明确作业任务，认真了解作业环境，划定动火危险区域，并设立标志，危险区内的一切易燃易爆品都必须移走。

（3）刮风天气，要注意风力的大小和风向变化，防止火星被吹到附近的易燃物上，必要时应派人监护。

（4）进行高层金属焊割作业时，要根据作业高度、风向、风力划定火灾危险区域，大雾天气和六级风时应当停止作业。

4. 木工作业防火安全要求

（1）施工现场的木工作业场所，严禁动用明火；

（2）木工作业场地和个人工具箱内要严禁存放油料和易燃易爆物品；

（3）经常对作业场所的电气设备及线路进行检查，发现短路、电气打火和线路绝缘老化破损等情况及时维修；

（4）熬水胶使用的炉子，应在单独房间里进行，用后要立即熄灭；

（5）木工作业完工后，必须将现场清理干净，锯末、刨花要堆放在指定的地点。

5. 电工作业防火安全要求

（1）根据负荷合理选用导线截面，不得随意在线路上接入过多负载。

（2）保持导线支持物良好完整，防止布线过松。

（3）导线连接要牢固。

（4）经常检查导线的绝缘电阻，保持绝缘层的强度和完整。

（5）不应带电安装和修理电气设备。

6. 油漆作业防火安全要求

油漆作业所使用的材料都是易燃易爆的化学材料。因此，无论是油漆的作业场地还是临时存放的库房，都严禁动用明火。室内作业时，一定要有良好的通风条件，照明电气设备必须使用防爆灯头，禁止穿钉子鞋出入现场，严禁吸烟，周围的动火作业要远离 10m 以外。

7. 防腐作业防火安全要求

目前建筑工程采用的防腐蚀材料，多数都是易燃易爆的化学高分子材料，要特别注意防护安全。

（1）硫磺在熬制、贮存与施工时，要严格控制温度；贮存、运输和施工时，严禁与木炭、硝石相混。

（2）乙二胺是树脂类常用的固化剂，是一种挥发性很强的化学物质，遇火种、高温和氧化剂有燃烧的危险，与醋酸、醋酐、二硫化碳、氯磺酸、盐酸、硝酸、硫酸、过氧酸盐等会发生非常剧烈的反应。

1）应贮存在阴凉通风的仓库内，远离火种热源；

2）应与酸类、氧化剂隔离堆放；

3）搬运时要轻装轻卸，防止被损；

4）一旦发生火灾，要用泡沫、二氧化碳、干粉灭火剂以及砂土、雾状水灭火；

5）贮存、运输时一定将盖子盖好，不能漏气；

6）作业时严禁烟火，注意通风。

（3）树脂类防腐蚀材料施工时，要避开高温，不得置于太阳下长时间曝晒；作业场地和贮存库都要远离明火，贮存库要阴凉通风。

8. 高层建筑施工防火安全要求

（1）已建成的建筑物楼梯不得封堵。

（2）脚手架内的作业层应畅通，并搭设不少于两处与主体建筑内相衔接的通道。

（3）脚手架外挂的密目式安全网，必须符合阻燃标准要求，严禁使用不阻燃的安全网。

（4）30m 以上的高层建筑施工，应当设置加压水泵和消防水源管道，每层应设出水管口，并配备一定长度的消防水管。

（5）高层金属焊接作业应当办理动火证，动火处应当配备灭火器，并设专人监护，发现险情，立即停止作业，采取措施，及时扑灭火源。

（6）临时用电线路应使用绝缘良好的电缆，严禁将线缆绑在脚手架上。

（7）应设立防火警示标志。

（8）在易燃易爆物品处施工的人员不得吸烟和随便焚烧废弃物。

9. 地下工程施工防火安全要求

（1）地下建筑施工应当保证通道畅通，通道处不得堆放障碍物。

（2）地下建筑室内不得贮存易燃易爆物品，不得在室内配制用于防腐、防水、装饰的危险化学品溶液。

（3）在进行防腐作业时，地下室内应采取一定的通风设施，保证空气流通；照明用电线路不得有接头或裸露部分，照明灯具应当使用防爆灯具；施工人员严禁吸烟和动火。

（4）地下建筑进行装饰时，不得同时进行水暖、电气安装的金属焊接作业。

（5）地下建筑室内施工时，施工人员应当严格遵守安全操作规程，易引发火灾的特殊作业，应设监护人，并配置必备的易燃易爆气体检测仪和消防器具，必要时应采取强制通风措施。

10. 施工现场生活区消防管理

（1）生活区应当建立消防责任制。

（2）在生活区内应设置消火栓或不小于 $20m^3$ 容量的蓄水池蓄水。

（3）每栋宿舍两端应当挂设灭火器，如宿舍较长还应在正面适当增挂。

（4）严禁将易燃易爆物品带入宿舍。

（5）宿舍内严禁私自乱拉电线，严禁使用电炉等电加热器具。

（6）夏天使用蚊香一定要放在金属盘内，并与可燃物保持一定距离。

（7）宿舍内禁止乱扔烟头、火柴棒，不准躺在床上吸烟。

（8）宿舍床下保持干净无杂物，禁止堆放废纸、包装箱等易燃物。

11. 易燃易爆物品防火要求

（1）对易引起火灾的仓库，应将库房内、外分段设立防火墙，划分防火单元。

（2）仓库应设在水源充足、消防车能驶到的地方，同时，根据季节风向的变化，应设在下风方向。

（3）贮量大的易燃易爆物品仓库，应与生活区和料具堆场分开布置。

（4）易燃易爆物品仓库应设两个以上的大门，大门应向外开启。

（5）易燃易爆物品堆料场，应当分类、分堆、分组和分跺存放，固体易燃物品应当与易燃易爆液体分开存放。

（6）在建的建筑物内不得存放易燃易爆物品，尤其是不得将木工加工区设在建筑物内。

（7）仓库保管员应当熟悉贮存物品的分类、性质、保管业务知识和防火安全制度，掌握消防器材的操作使用和维护保养方法，做好本岗位的防火工作。

（8）易燃易爆物品应当按照规定装卸。

（9）易燃易爆物品仓库应当按照规定进行用电管理。

七、施工现场安全用电知识

（一）施工现场临时用电系统

1. 施工现场用电特点及现状

（1）建筑工地环境恶劣，各工地具体情况千差万别、错综复杂。

（2）建筑工地施工单位多、工种多、交叉作业多、施工人员众多、人员流动性大、管理难度大。

（3）维护电工素质参差不齐。例如将 PE 线和 N 线错接、混用，不认真做重复接地，不严格执行停送电制度，配电箱不按规范要求设置 PE 线和 N 线端子牌，用电设备不接 PE 线等情况时有发生。种种违规、违章事例还可以列举很多。

（4）建筑物装修阶段，可燃物质多且乱堆乱放，文明施工差，手持式电动工具多。

（5）专业电工和其他作业人员习惯性违章多。例如不按规范要求使用铜芯软电缆作电源线，而采用花线、双绞线作电源线且随地乱拖乱拉；单相设备（电动工具）应用 3 芯电缆但却采用 2 芯电缆、3 相设备（电动工具）应用 4 芯电缆但却采用 3 芯电缆；用 4 芯电缆做 380/220V 电源线另加 1 根绝缘线作 PE 线；电缆不架空、不埋地敷设，随意放在地下，任其被车辆碾压；配电箱不按要求设置 PE 线和 N 线端子牌；前后级漏电保护开关漏电动作电流不匹配，上级小，下级大，或末级漏电动作电流偏大；典钨灯铁皮外罩不接地；使用木箱作配电箱；配电箱（开关箱）无防护门；PE 线与 N 线错接、混接；PE 线与 N 线连接在一起；保护接零线（PE 线）截面过小；配电室门槛洞封堵不严，蛇、猫、老鼠等小动物易进入，引起短路；非电工进行电工作业，无操作证的人员开动建筑机械等。种种不规范做法（有的甚至是错误的）还可以列举很多。这些违章现象当然不可能集中在某一个施工队伍上，但每个施工队伍都存在程度不同的违章情况。这些隐患都对用电安全构成严重威胁，是酿成触电伤亡、火灾和设备事故的重要原因。

（6）因为属于临时设施，极少数施工企业往往在思想上重视不够，人们有意无意降低临时用电设施安装标准，配电箱、开关柜等供配电设施陈旧（为节约成本，设施拼拼凑凑，马虎凑合），施工质量难以得到可靠保证，给安全用电留下隐患。领导和管理人员对违章现象、违章作业熟视无睹，习以为常，不纠正、不制止、不采取措施，听之任之；对安全用电工作，多存在侥幸心理。如此工作作风，终究会自食苦果。

（7）供电环境不相同。如有的工地，110、35、10kV 及低压线路纵横交错，对施工安全构成极大威胁。

2. 施工现场临时用电系统

施工现场必须使用 TN-S 接地、接零保护系统；三级配电系统；两级漏电保护和两道防线。

（1）三级配电结构：指施工现场从电源进线开始至用电设备中间应经过三级配电装置配送电力，即由总配电箱（配电室内的配电柜）经分配电箱（负荷或若干用电设备相对集中处）到开关箱（用电设备处）分三个层次逐级配送电力。而开关箱作为末级配电装置，与用电设备之间必须实行"一机一闸制"，即每一台用电设备必须有自己专用的控制开关箱，而每一个开关箱只能用于控制一台用电设备。总配电箱、分配电箱内开关电器可设若干分路，且动力与照明宜分路设置。

（2）TN-S 接地、接零保护系统（简称 TN-S 系统）：指在施工用电工程中采用具有专用保护零线（PE 线）、电源中性点直接接地的 220/380V 三相四线制低压电力系统，或称三相五线系统，该系统主要技术特点是：

1）电力变压器低压侧中性点直接接地，接地电阻值不大于4Ω；

2）电力变压器低压侧共引出5条线，其中除引出三条分别是黄、绿、红的绝缘线相线（火线）L_1、L_2、L_3（A、B、C）外，尚须于变压器二次侧中性点（N）接地处同时引出两条零线，一条叫做工作零线（浅蓝色绝缘线，N线），另一条叫做保护零线（PE线），只作电气设备接零保护使用，即只用于连接电气设备正常情况下不带电的金属外壳、基座等。

两种零线（N线和PE线）不得混用，为防止无意识混用，保护零线（PE线）应采用具有绿/黄双色绝缘标志的绝缘铜线，以便与工作零线和相线区别。同时为保证接地、接零保护系统可靠，在整个施工现场的PE线上还应作不少于3处的重复接地，且每处接地电阻值不得大于10Ω。

（3）两级漏电保护和两道防线：包括两个内容，一是设置两级漏电保护系统，二是实施专用保护零线线（PE），两者组合形成了施工现场的防触电的两道防线。

1）两级漏电保护是指在整个施工现场临时用电工程中，总配电箱中必须装设漏电开关，所有开关箱（末级）中也必须装设漏电开关。

2）保护零线（PE线）的实施是临时用电的第二道安全防线。

（4）用电系统的基本保护系统：在施工现场用电工程中，采用TN-S系统，是在工作零线（N线）以外又增加一条保护零线（PE线），是十分必要的。当三相火线用电量不均匀时，工作零线（N线）就容易带电，而PE线始终不带电，那么随着PE线在施工现场的敷设和漏电保护器的使用，就形成一个覆盖整个施工现场的防止人身（间接接触）触电的安全保护系统。因此TN-S接地接零保护系统与两级漏电保护系统一起称之为防触电保护系统两道防线。

基本保护系统：施工现场的用电系统，不论其供电方式如何，都属于电源中性点直接接地的 220/380V 三相四线制低压电力系统。

接地保护系统、过载与短路保护系统、漏电保护系统，它们的组合就是用电系统的基本保护系统。

1）当采用 TN 系统作保护接零时，工作零线（N 线）必须通过总漏电保护器，保护零线（PE 线）必须由电源进线零线重复接地处或总漏电保护器电源侧零线处引出形成局部 TN-S 接零保护系统。

2）PE 线与 N 线的连接关系。经过总漏电保护器 PE 线和 N 线分开，其后不得再做电气连接。

3）PE 线的重复接地。PE 线的重复接地不应少于三处，应分别设置于供配电系统的首端、中间、末端处，每处重复接地电阻值（指工频接地电阻值）不应大于 10Ω。

重复接地必须与 PE 线相连接，严禁与 N 线相连接，否则 N 线中的电流将会分流经大地和电源中性点工作接地形成回路，使 PE 线对地电位升高而带电。PE 线重复接地的目的，一是降低 PE 线的接地电阻，二是防止 PE 线断线而导致接地保护失效。

（二）施工现场的用电设备

用电设备是配电系统的终端设备，是最终将电能转化为机械能、光能等其他形式能量的设备。施工现场的用电设备基本可分为电动机械、电动工具和照明器三大类。

1. 电动机械

（1）起重机械，包括塔式起重机、施工升降机、物料提升机等。

（2）桩工机械，包括各类打桩机、打桩锤和钻孔机等。

（3）夯土机械，包括电动蛙式夯、快速冲击夯等。

（4）焊接设备，包括电阻焊、埋弧焊等。

（5）其他电动建筑机械，包括混凝土搅拌机、混凝土振动器、地面抹光机、钢筋加工机械、土木机械、水泵等。

2. 电动工具

主要指手持式电动工具，如电钻、电锤、电刨、切割机、热风枪等。手持式电动工具按电击保护方式，分为Ⅰ类工具、Ⅱ类工具和Ⅲ类工具。

（1）Ⅰ类工具（即普通型电动工具）。在防止触电的保护方面不仅依靠基本绝缘，而且它还包含一个附加的安全预防措施，其方法是将可触及的可导电的零件与已安装的固定线路中的保护（接地）导线连接起来，以这样的方法来使可触及的可导电的零件在基本绝缘损坏的事故中不成为带电体。这类工具一般都采用全金属外壳。

（2）Ⅱ类工具（即绝缘结构全部为双重绝缘结构的电动工具）。在防止触电的保护方面不仅依靠基本绝缘，而且还提供双重绝缘或加强绝缘的附加安全预防措施。这类工具外壳有金属和非金属两种，但手持部分是非金属，在工具的明显部位标有Ⅱ类结构符号"回"。

（3）Ⅲ类工具（即特低电压的电动工具）。在防止触电的保护方面依靠由安全特低电压供电和在工具内部不含产生比安全特低电压高的电压。

3. 照明器

建筑施工现场使用的照明器具较多，有普通照明使用的白炽灯、荧光灯和节能灯，也有场地使用的高光效、长寿命的高压汞灯、高压钠灯、碘钨灯以及钨、铊、铟等金属卤化物灯具。按照使用方式有固定灯和行灯，按照使用环境有防水灯具、防尘灯具、防爆灯具、防震灯具、耐酸碱型具和断电使用应急灯、安全警示灯等。

（三）安全用电知识

1. 临时用电管理

（1）施工现场临时用电设备在 5 台及以上或设备总容量在

50kW 及以上者，应编制用电组织设计。

（2）安装、巡检、维修或拆除临时用电设备和线路，必须由电工完成，并应有人监护。

（3）施工现场临时用电必须建立安全技术档案，并应包括下列内容：

1）用电组织设计的全部资料；

2）修改用电组织设计的资料；

3）用电技术交底资料；

4）用电工程检查验收表；

5）电气设备的试、检验凭单和调试记录；

6）接地电阻、绝缘电阻和漏电保护器漏电动作参数测定记录表；

7）电工安装、巡检、维修、拆除工作记录。

（4）加强对施工现场临时用电的动态管理、过程控制。对临时用电，要时时管、人人管、主动管。发现问题，及时解决，重在跟踪落实。

2. 供、配电设备

（1）甲方提供的箱变，总包单位的电工每天须巡视、检查，且须认真填写《箱变运行检查表》，电工若发现异常需及时处理，不得延误。

（2）220/380V 配电需满足三级配电、两级保护，接地系统采用 TN-S 系统。配电系统应设置配电柜或总配电箱、分配电箱、开关箱，实现三级配电。

（3）各级配电箱（或固定开关箱）安装位置是否合适（安装位置易于操作，不得安装在积水中、周边不得堆码材料、杂物等）。

（4）各级配电箱（或开关箱），箱门应张贴标识牌（标识牌至少应包括几级配电箱、使用单位、责任人联系电话等内容），箱内应张贴配电系统图、注明各出线回路所接的用电设备名称。

（5）配电箱、开关箱的电源进线端严禁采用插头和插座做活动连接。

（6）每台用电设备必须有各自专用的开关箱，严禁用同一个开关箱直接控制2台及2台以上用电设备（含插座）。

（7）各级配电箱中漏电开关在每天使用前应做试验试跳并做好记录，严禁漏电失灵或未试验就使用。

（8）总配电箱中额定漏电动作电流与额定漏电动作时间的乘积≤30mA·s；开关箱漏电电流≤30mA，时间≤0.1s；对地下室积水等潮湿场所漏电电流≤15mA，时间≤0.1s。

（9）电焊机械应放置在防雨、干燥和通风良好的地方。

（10）交流弧焊机变压器的一次侧电源线长度不应大于5m，其电源进线处必须设置防护罩，电焊机械的二次线电缆长度不应大于30m，不得采用金属构件或结构钢筋代替二次线的地线。电焊机二次侧须装设防触电保护器。

（11）配电室的建筑物和构筑物耐火等级不低于3级，室内配置砂箱和可用于扑灭电气火灾的灭火器。

3. 配电线路

（1）架空线路的支撑杆须稳固，不得有非技术性偏差，架空导线需经绝缘子固定，严禁直接绑扎在架管上。

（2）电缆线路须选择敷设路径，严禁过通道无保护、严禁横穿加工间无保护、严禁在钢筋网（混凝土浇筑时）或地面带电随意拖拉电缆。不得乱拉乱接电缆。

（3）进入施工现场的电缆，需采用五芯（三芯）电缆。

（4）严禁在任何线路中间直接接线（不经开关）至用电器。

（5）在地下埋设有用电线路的区域附近施工前，特别是土方开挖前，有关责任人必须向有关施工单位进行书面交底，标明用电线路埋设的位置与走向。

4. 末端用电

（1）施工现场用电，必须满足"一机、一闸、一漏、一箱"且漏电保护有效，动力/照明分设的原则。

（2）现场各种用电机械均需验收后方可送电使用。严禁设备带"缺陷"运转。

（3）现场照明，潮湿场所的灯具离地面高度低于 2.5m 的，需使用小于等于 36V 的安全电压。

（4）配电箱、开关箱箱门应张贴包含使用单位名称、用途、几级配电箱、责任人、联系电话等信息的标识牌；箱内应张贴配电系统图，各出线回路应标明负荷名称及其使用部位。

（5）配电箱、开关箱箱门应配锁，并应由专人负责。

（6）配电箱、开关箱应定期检查、维修。检查、维修人员必须是专业电工，非专业电工，不得擅自进行维修。

（7）配电箱、开关箱的进线和出线严禁承受外力。

（8）配电箱、开关箱应装设端正、牢固。固定式配电箱、开关箱的中心点与地面的垂直距离应为 1.4～1.6m。移动式配电箱、开关箱应装设在坚固、稳固的支架上。

（9）在施工现场专用变压器的供电的 TN-S 接零保护系统中，电气设备的金属外壳必须与保护零线连接。

（10）塔式起重机、施工电梯、吊篮等机械设备以及钢脚手架、在建工程的金属结构等易被雷击的设备（设施），当其处于相邻建筑物、构筑物等设施的防雷装置接闪器的保护范围之外时，应安装防雷装置。按照规范要求，及时检测其接地电阻值。

5. 施工现场照明

（1）现场的照明线路，必须采用软质橡皮护套线，并配有漏电保护器保护。灯具的金属外壳应接地（零）保护。

（2）照明灯的相线应经开关控制，不得将相线直接引入。

（3）移动式碘钨灯的金属支架应可靠接地（零）。

（4）高压镝灯安装支架应坚固可靠，并要有防雨措施。

（5）室内 220V 灯具距地面不得低于 2.5m，室外 220V 灯具距地面不得低于 3m，配线必须采用绝缘导线或电缆线，并应做保护接零，不得采用双芯对绞花线。

（6）下列特殊场所应使用安全特低电压照明器：

1）隧道、人防工程、高温、有导电灰尘、比较潮湿或室内线路和灯具离地面高度低于 2.4m 等场所的照明,电源电压不应大于 36V。

2)潮湿和易触及带电体场所的照明,电源电压不得大于 24V。

3)特别潮湿的场所、导电良好的地面、锅炉或金属容器内的照明,电源电压不得大于 12V。

(7)在一个工作场所内,不得只装设局部照明。

(8)施工现场照明器具金属外壳需要保护接零必须使用三芯橡皮护套电缆。严禁使用双芯对绞花线、护套线和单根绝缘铜芯线。导线不得随地拖拉或缠绑在脚手架等设施构架上。

6. 配电箱及开关箱

(1)设置

1)配电系统应设置配电柜或总配电箱、分配电箱、开关箱,实行三级配电。

配电系统宜使三相负荷平衡。220V 或 380V 单相用电设备宜接入 220/380V 三相四线系统;当单相照明线路电流大于 30A 时,宜采用 220/380V 三相四线制供电。

室内配电柜的设置应符合《施工现场临时用电安全技术规范》JGJ 46 第 6.1 节的规定。

2)总配电箱以下可设若干分配电箱;分配电箱以下可设若干开关箱。

总配电箱设在靠近电源的区域,分配电箱应设在用电设备或负荷相对集中的区域,分配电箱与开关箱的距离不得超过 30m,开关箱与其控制的固定式用电设备的水平距离不宜超过 3m。

3)每台用电设备必须有各自专用的开关箱,严禁用同一个开关箱直接控制 2 台及 2 台以上用电设备(含插座)。

4)动力配电箱与照明配电箱宜分别设置。当合并设置为同一配电箱时,动力和照明应分路配电;动力开关箱与照明开关箱必须分设。

5）配电箱、开关箱周围应有足够 2 人同时工作的空间和通道，不得堆放任何妨碍操作、维修的物品，不得有灌木、杂草。

6）配电箱、开关箱应采用冷轧钢板或阻燃绝缘材料制作，钢板厚度应为 1.2～2.0mm，其中开关箱箱体钢板厚度不得小于 1.2mm，配电箱箱体钢板厚度不得小于 1.5mm，箱体表面应作防腐处理，标识标签应清楚，易识别。

7）配电箱、开关箱应装设端正、牢固。固定式配电箱、开关箱的中心点与地面的垂直距离应为 1.4～1.6m。移动式配电箱、开关箱应装设在坚固、稳定的支架上。其中心点与地面的垂直距离宜为 0.8～1.6m。

8）配电箱、开关箱内的电器应先安装在金属或非木质阻燃绝缘电器安装板上，然后方可整体紧固在配电箱、开关箱箱体内，标识标签应清楚，易识别。金属电器安装板与金属箱体应做电气连接。

9）配电箱、开关箱内的电器应按其规定位置紧固在电器安装板上，不得歪斜和松动。

10）配电箱的电器安装板上必须分设 N 线端子板和 PE 线端子板。N 线端子板必须与金属电器安装板绝缘；PE 线端子板必须与金属电器安装板做电气连接。

进出线中的 N 线必须通过 N 线端子板连接；PE 线必须通过 PE 线端子板连接（N 线端子应有安全防护罩）。

11）配电箱、开关箱内的连接线必须采用铜芯绝缘导线。导线绝缘的颜色标志应符合：相线 L_1（A）、L_2（B）、L_3（C）相序绝缘颜色依次为黄、绿、红色；N 线绝缘颜色为淡蓝色；PE 线的绝缘颜色为黄/绿相间双色；任何情况下上述颜色标记严禁混用和相互代用；排列整齐；导线分支接头不得采用螺栓压接，应采用焊接并做绝缘包扎，不得有外露带电部分。

12）配电箱、开关箱的金属箱体、金属电器安装板以及电器正常不带电的金属底座、外壳等必须通过 PE 线端子板与 PE 线做电气连接，金属箱门与金属箱体必须通过采用编织软铜线做电气连接。

13）配电箱、开关箱的箱体尺寸应与箱内电器的数量和尺寸相适应，箱内电器安装板板面电器安装尺寸可按照表 7-1 确定。

配电箱、开关箱内电器安装尺寸选择 表 7-1

间距名称	最小净距（mm）
并列电器（含单极熔断器）间	30
电器进、出线瓷管（塑胶管）孔与电器边沿间	15A，30 20～30A，50 60A 及以上，80
上、下排电器进出线瓷管（塑胶管）孔间	25
电器进、出线瓷管（塑胶管）孔至板边	40
电器与板边	40

14）配电箱、开关箱中导线的进线口和出线口应设在箱体的下底面。

15）配电箱、开关箱的进、出线口应配置固定线卡，进、出线应加绝缘护套并成束卡固在箱体上，不得与箱体直接接触。移动式配电箱，开关箱的进、出线应采用橡皮护套绝缘电缆，不得有接头。

16）配电箱、开关箱外形结构应能防雨、防尘。

（2）配电箱、开关箱内电器装置的选择

1）配电箱、开关箱内的电器必须可靠、完好，严禁使用破损、不合格的电器（购买的配电箱必须有国家 3C 证书）。

2）总配电箱的电器应具备电源隔离，正常接通与分断电路，以及短路、过载、漏电保护功能。电器设置应符合下列原则：

① 当总路设置总漏电保护器时，还应装设总隔离开关、分路隔离开关以及总断路器、分路断路器或总熔断器、分路熔断器。当所设总漏电保护器是同时具备短路、过载、漏电保护功能

的漏电断路器时，可不设总断路器或总熔断器。

② 当各分路设置分路漏电保护器时，还应装设总隔离开关、分路隔离开关以及总断路器、分路断路器或总熔断器、分路熔断器。

③ 隔离开关应设置于电源进线端，应采用分断时具有可见分断点，并能同时断开电源所有极的隔离电器。如采用分断时具有可见分断点的断路器，可不另设隔离开关。

④ 熔断器应选用具有可靠灭弧分断功能的产品。

⑤ 总开关电器的额定值、动作整定值应与分路开关电器的额定值、动作整定值相适应。

⑥ 隔离开关必须使用带安全防护罩的产品，带电体应无外露。

3）总配电箱应装设电压表、总电流表、电度表及其他需要的仪表。专用电能计量仪表的装设应符合当地供用电管理部门的要求。

装设电流互感器时，其二次回路必须与保护零线有一个连接点，且严禁断开电路。

4）分配电箱应装设总隔离开关、分路隔离开关以及总断路器、分路断路器或总熔断器、分路熔断器。

5）开关箱必须装设隔离开关、断路器或熔断器，以及漏电保护器。当漏电保护器是同时具有短路、过载、漏电保护功能的漏电断路器时，可不装设断路器或熔断器。隔离开关应采用分断时具有可见分断点，能同时断开电源所有极的隔离电器，并应设置于电源进线端。当断路器是具有可见分断点时，可不另设隔离开关。

6）开关箱中各种开关电器的额定值和动作整定值应与其控制用电设备的额定值和特性相适应。

7）漏电保护器应装设在总配电箱、开关箱靠近负荷的一侧，且不得用于启动电气设备的操作。

8）开关箱中漏电保护器的额定漏电动作电流不应大于

30mA，额定漏电动作时间不应大于 0.1s。

使用于潮湿或有腐蚀介质场所的漏电保护器应采用防溅型产品，其额定漏电动作时间不应大于 15mA，额定漏电动作时间不应大于 0.1s。

9）总配电箱中漏电保护器的额定漏电动作电流应大于30mA，额定漏电动作时间应大于 0.1s，但其额定漏电动作电流与额定漏电动作时间的乘积不应大于 30mA·s。

10）总配电箱和开关箱中漏电保护器的极数和线数必须与其负荷侧负荷的相数和线数一致。

11）漏电保护器应按产品说明书安装、使用。对搁置已久重新使用或连续使用的漏电保护器应逐月检测其特性，发现问题应及时修复或更换。

12）配电箱、开关箱的电源进线端严禁采用插头和插座做活动连接。

（3）使用与维护

1）配电箱、开关箱应有名称、用途、分路标记及系统接线图。

2）配电箱、开关箱箱门应配锁，并应由专人负责。

3）配电箱、开关箱应定期检查、维修，检查、维修人员必须是专业电工。检查、维修时必须按规定穿、戴绝缘鞋、手套，必须使用电工绝缘工具，并应做检查、维修工作记录。

4）对配电箱、开关箱进行定期维修、检查时，必须将其前一级相应的电源隔离开关分闸断电，并悬挂"禁止合闸、有人工作"停电标志牌，严禁带电作业。

5）配电箱、开关箱必须按照下列顺序操作：

① 送电操作顺序为：总配电箱—分配电箱—开关箱；

② 停电操作顺序为：开关箱—分配电箱—总配电箱。

但出现电气故障的紧急情况可除外。

6）施工现场停止作业 1h 以上时，应将动力开关箱断电上锁。

7）开关箱的操作人员必须符合国家现行标准《施工现场临时用电安全技术规范》JGJ 46 的要求规定。

8）配电箱、开关箱内不得放置任何杂物，并应保持整洁。

9）配电箱、开关箱内不得随意挂接其他用电设备。

10）配电箱、开关箱内的电器配置和接线严禁随意改动。

熔断器的熔体更换时，严禁采用不符合原规格的熔体代替。漏电保护器每天使用前应启动漏电试验按钮试跳一次，试跳不正常时严禁继续使用。

11）配电箱、开关箱的进线和出线严禁承受外力，严禁与金属尖锐断口、强腐蚀介质和易燃易爆物接触。

（4）接地与防雷

1）建筑施工现场临时用电工程专用的电源中性点直接接地的 220/380V 三相四线制低压电力系统，必须符合下列规定：

采用三级配电系统（总箱、分箱、开关箱）；采用 TN-S 接零保护系统（三相五线制）；采用二级漏电保护系统（总箱、开关箱）。

2）当施工现场与外电线路共用同一供电系统时，电气设备的接地、接零保护应与原系统保持一致。不得一部分设备做保护接零，另一部分设备做保护接地。

采用 TN 系统做保护接零时，工作零线（N 线）必须通过总漏电保护器，保护零线（PE 线）必须由电源进线零线重复接地处或总漏电保护器电源侧零线处引出形成局部 TN-S 接零保护系统。

3）PE 线上严禁装设开关或熔断器，严禁通过工作电流，且严禁断线。

4）TN 系统中的保护零线除必须在配电室或总配电箱处做重复接地外，还必须在配电系统的中间和末端处做重复接地。

在 TN 系统中，保护零线每一处重复接地装置的接地电阻值不应大于 10Ω。在工作接地电阻值允许达到 10Ω 的电力系统中，所有重复接地的等效电阻值不应大于 10Ω。

5）每一接地装置的接地线应采取 2 根以上导体，在不同点与接地体做电气连接。

6）做防雷接地机械上的电气设备，所连接的 PE 线必须同时做重复接地，同一台机械设备的重复接地和机械的防雷接地可共用同一接地体，但接地电阻应符合重复接地电阻值的要求。

八、季节性施工安全知识

（一）概　　述

1. 我国的地形特点

我国领土南北跨纬度很广，大部分位于中纬度地区，属北温带，南部少数地区位于北回归线以南的热带，没有寒带，只有在高山地区才有终年冰雪带。且我国位于亚欧大陆的东部，西部深入亚欧大陆内部，与许多国家接壤；东部濒临太平洋，有众多的岛屿和港湾，是一个海陆兼备的国家。

2. 我国气候有三大特点：显著的季风特色，明显的大陆性气候和多样的气候类型。

（1）显著的季风特色：我国的降水多发生在偏南风盛行的下半年 5～9 月。形成我国季风气候特点为：冬冷夏热，冬干夏雨。我国华南地区年降雨量在 1500mm 以上。

（2）明显的大陆性气候：冬季我国是世界上同纬度最冷的国家，一月份平均气温东北地区比同纬度平均要偏低 15～20℃，黄淮流域偏低 10～15℃，长江以南偏低 6～10℃，华南沿海也偏低 5℃；夏季则是世界上同纬度平均最热的国家（沙漠除外）。七月平均气温东北比同纬度平均偏高 4℃，华北偏高 2.5℃，长江中下游偏高 1.5～2℃。

（3）多样的气候类型：我国幅员辽阔，最北的漠河位于 53°N 以北，属寒温带，最南的南沙群岛位于 3°N，属赤道气候，而且高山深谷，丘陵盆地众多，青藏高原 4500m 以上的地区四季常冬，南海诸岛终年皆夏，云南中部四季如春，其余绝大部分四季分明。

3. 我国主要的气象灾害及特点

台风、暴雨洪涝、干旱、寒潮等是我国最为常见、危害程度较为严重的气象灾害种类。

（1）台风

灾害特点：强风、特大暴雨、风暴潮，易产生洪涝灾害。

时空分布：夏秋季节主要分布在东部沿海地区，内陆也受影响。

（2）暴雨洪涝

灾害特点：连续性的暴雨，短时间的大暴雨，来势迅猛，雨量集中，水位急涨，大面积大量积水；东部多，西部少；沿海多，内陆少；平原湖区多，高原山地少。

时空分布：夏季除西部沙漠地区外均有暴雨，南方和东部地区有大暴雨和特大暴雨。

（3）干旱

灾害特点：大气中缺少水汽，地表少水，土地干旱、严重缺水；干旱在我国出现次数多，持续时间长，影响范围广。

时空分布：春夏季节分布普遍，以西北、华北及东北地区为主。

（4）寒潮

灾害特点：降温幅度大、范围广，且伴有大风、雨雪、冻害等现象。

时空分布：冬半年影响范围大，西北、华北及东北地区，除青藏滇南各地、海南、台湾外。

4. 季节性施工的概念

季节性施工是指工程建设中按照季节的特点进行相应的建设，考虑到自然环境所具有的不利于施工的因素存在，应该采取措施来避开或者减弱其不利影响，从而保证工程质量、工程进度、工程费用、施工安全等各项均达到设计或者规范要求。

在工程的建设中，季节性施工主要指雨期和冬期的施工，当然因地而异，冬期施工可以没有。另外，也可能有台风季节施工和夏期施工。

（1）雨期施工：工程在雨期修建，需要采取防雨措施。

（2）冬期施工：工程在低温季（日平均气温低于5℃或最低气温低于−3℃）修建，需要采取防冻保暖措施。

（3）台风季节施工：指的是工程在台风比较频繁的季节修建，需要做好安全防护工作。

（4）夏期施工：指的是工程在高温期修建，需要采取一定的温控措施以保证施工质量。

（二）雨 期 施 工

1. 雨期施工的气象知识

（1）雨量

1）从气象学上的角度来讲，所谓雨量，就是在一定时段内，降落到水平面上（无渗漏、蒸发、流失等）的雨水深度。

准确程度至 0.25mm，其中，若降水量若小于 1mm 视为雨迹。气象台站在有降水的情况下，每隔 6h 测量一次。

2）雨分为微雨、小雨、中雨、大雨和暴雨等，这些等级的划分都有明确的规定，见表 8-1。

雨水等级划分   表 8-1

特　征	等级
是指在 24h 内，降雨量小于 0.1mm，为人们通称的"毛毛雨"	微雨
是在 24h 内，雨量在 0.1～10mm，可淋湿衣服，马路有少量积水，泥土地面全湿，但无积水现象	小雨
是在 24h 内，雨量在 10～25mm，可听到雨声，洼地有少量积水现象	中雨
是在 24h 内，雨量在 25～50mm，雨声激烈，水沟流水很快	大雨
是指 24h 内出现大量降水，雨量大于 50mm	暴雨

特　　　　征	等级
24h内雨量达到100mm以上	大暴雨
24h内雨量超过200mm以上	特大暴雨
这种雨的开始与停止，都是很突然的。降雨最急的时间很短，强度变化急剧	阵雨

注：阵雨的名称是由降雨的性质而不是由降水的量来决定的，其下降的量有时可能很少。雨主要是降自积雨云并有时伴有雷暴。

3）雨的危害

使陆地泥泞，不方便行走，多了会导致水土流失，泥石流，洪水。如果雨水里面酸性物质太多的话会变成酸雨，会腐蚀建筑物和文物古迹，毁坏农作物，伤害人的皮肤。

（2）雷击

1）雷击指打雷时电流通过人、畜、树木、建筑物等造成杀伤或破坏。

云层之间的放电对飞行器有危害，对地面上的建筑物和人、畜影响不大，但云层对大地的放电，则对建筑物、电子电气设备和人、畜危害甚大。一旦对万物造成危害都可以称为被雷击。

2）通常雷击有三种主要形式：其一是带电的云层与大地上某一点之间发生迅猛的放电现象，叫做"直击雷"。其二是带电云层由于静电感应作用，使地面某一范围带上异种电荷。当直击雷发生以后，云层带电迅速消失，而地面某些范围由于散流电阻大，以致出现局部高电压，或者由于直击雷放电过程中，强大的脉冲电流对周围的导线或金属物产生电磁感应发生高电压以致发生闪击的现象，叫做"二次雷"或称"感应雷"。其三是"球形雷"。

3）雷击造成的危害主要有四种：

① 直击雷

它的破坏力十分巨大，若不能迅速将其泄放入大地，将导致放电通道内的物体、建筑物、设施、人、畜遭受严重的破坏或损害——火灾、建筑物损坏、电子电气系统摧毁，甚至危及人、畜的生命安全。

② 雷电波侵入

雷电不直接放电在建筑和设备本身，而是对布放在建筑物外部的线缆放电。线缆上的雷电波或过电压几乎以光速沿着电缆线路扩散，侵入并危及室内电子设备和自动化控制等各个系统。因此，往往在听到雷声之前，我们的电子设备、控制系统等可能已经损坏。

③ 感应过电压

雷击在设备设施或线路的附近发生，或闪电不直接对地放电，只在云层之间发生放电现象。闪电释放电荷，并在电源和数据传输线路及金属管道金属支架上感应生成过电压。雷击在对具有避雷设施的建筑物放电时，雷电波沿着建筑物顶部接闪器（避雷带、避雷线、避雷网或避雷针）、引下线泄放到大地的过程中，会在引下线周围形成强大的瞬变磁场，轻则造成电子设备受到干扰，数据丢失，产生误动作或暂时瘫痪；严重时可引起元器件击穿及电路板烧毁，使整个系统陷于瘫痪。

④ 系统内部操作过电压

因断路器的操作、电力重负荷以及感性负荷的投入和切除、系统短路故障等系统内部状态的变化而使系统参数发生改变，引起的电力系统内部电磁能量转化，从而产生内部过电压，即操作过电压。

操作过电压的幅值虽小，但发生的概率却远远大于雷电感应过电压。实验证明，无论是感应过电压还是内部操作过电压，均为暂态过电压（或称瞬时过电压），最终以电气浪涌的方式危及电子设备，包括破坏印刷电路印制线、元件和绝缘过早老化寿命缩短、破坏数据库或使软件误操作，使一些控制元件失控。

⑤ 地电位反击

如果雷电直接击中具有避雷装置的建筑物或设施，接地网的地电位会在数微秒之内被抬高数万伏或数十万伏。高度破坏性的雷电流将从各种装置的接地部分，流向供电系统或各种网络信号系统，或者击穿大地绝缘而流向另一设施的供电系统或各种网络信号系统，从而反击破坏或损害电子设备。同时，在未实行等电位连接的导线回路中，可能诱发高电位而产生火花放电的危险。

4）相关知识

① 雷电次数：当雷暴进行时，隆隆的雷声持续不断，若其间雷声的时间间隔小于 15min 时，不论雷声断续传播的时间有多长，均算作是一次雷暴；若其间雷声的停息时间在 15min 以上，就把前后分作是两次雷暴。

② 雷电小时：就是说在该天文小时内发生过雷暴，更通俗些说是在这个时间里曾听到过雷声而不论雷暴持续时间的长短如何。某一地区的"年雷电小时数"也就是说该地区一年中有多少个天文小时发生过雷暴，而不管在某一小时内雷暴是足足继续了一小时之久，还是只延续了数分钟。

③ 雷暴日数：也叫做雷电日数。这是我们所熟悉的，只要在这一天内曾经发生过雷暴，听到过雷声，而不论雷暴延续了多长时间，都算作一个雷电日。"年雷电日数"等于全年雷电日数的总和。

④ 雷暴月数：也叫做雷电月数，即指在这一个月内曾发生过雷暴。"年雷暴月数"也就是指一年中有多少个月发生过雷暴。

（3）风级

1）风通常用风向和风速（风力和风级）来表示。风速是指气流在单位时间内移动的距离，用 m/s 或 km/h 表示。

2）英国人蒲福平 1805 年根据风对地面（或海面）物体影响程度拟定的等级，自 0～12 共 13 个等级，称"蒲氏风级"。自 1946 年以来，风力等级作了某些修改，增到 18 个等级。我国目前仍习惯用到 12 级为止。

风级歌：

0 级烟柱直冲天，1 级青烟随风偏，2 级轻风吹脸面，3 级叶动红旗展，4 级枝摇飞纸片，5 级带叶小树摇，6 级举伞步行艰，

7级迎风走不便，8级风吹树枝断，9级屋顶飞瓦片，10级拔树又倒屋，11、12陆上很少见。

风速与风力等级划分标准　　　　　　　表8-2

风力等级	风的名称	风速		陆地现象	海面状态
		（m/s）	（km/h）		
0	无风	0～0.2	小于1	静，烟直上	平静如镜
1	软风	0.3～1.5	1～5	烟能表示风向，但风向标不能转动	微浪
2	软风	1.6～3.3	6～11	人面感觉有风，树叶有微响，风向标能转动	小浪
3	微风	3.4～5.4	12～19	树叶及微枝摆动不息，旗帜展开	小浪
4	和风	5.5～7.9	20～28	能吹起地面灰尘和纸张，树的小枝微动	轻浪
5	清劲风	8.0～10.7	29～38	有叶的小树枝摇摆，内陆水面有小波	中浪
6	强风	10.8～13.8	39～49	大树枝摆动，电线呼呼有声，举伞困难	大浪
7	疾风	13.9～17.1	50～61	全树摇动，迎风步行感觉不便	巨浪
8	大风	17.2～20.7	62～74	微枝折毁，人向前行感觉阻力甚大	猛浪
9	烈风	20.8～24.4	75～88	建筑物有损坏（烟囱顶部及屋顶瓦片移动）	狂涛
10	狂风	24.5～28.4	89～102	陆上少见，见时可使树木拔起，将建筑物损坏严重	狂涛
11	暴风	28.5～32.6	103～117	陆上很少，有则必有重大损毁	非凡现象

风力等级	风的名称	风速		陆地现象	海面状态
		（m/s）	（km/h）		
12	飓风	32.7～36.9	118～133	陆上绝少，其摧毁力极大	非凡现象
13	飓风	37.0～41.4	134～149	陆上绝少，其摧毁力极大	非凡现象
14	飓风	41.5～46.1	150～166	陆上绝少，其摧毁力极大	非凡现象
15	飓风	46.2～50.9	167～183	陆上绝少，其摧毁力极大	非凡现象
16	飓风	51.0～56.0	184～201	陆上绝少，其摧毁力极大	非凡现象
17	飓风	56.1～61.2	202～220	陆上绝少，其摧毁力极大	非凡现象

3）风的危害

大风对农业生产可造成直接和间接危害，直接危害主要是造成土壤风蚀沙化，对作物是机械损伤和生理危害，同时也影响农事活动和破坏农业生产设施。间接危害是指传播病虫害和扩散污染物等。对农业生产有害的风主要是热带气旋、寒潮大风、温带气旋大风、雷暴大风、龙卷风等，其瞬间最大风力一般都在 8 级或以上。但有时风力不一定很大，主要起加剧其他不利气象条件的危害等。

① 风蚀沙化：我国北部和西北内陆地区，风蚀比较强烈。近半个多世纪以来形成的沙漠化土地约 5 万 km^2，如内蒙古乌兰察布市后山地区开垦的农田已有 43% 被风蚀沙漠化。近 20 多年来，海拉尔周围开垦的土地，黑土层平均已被吹蚀 20～25cm。此外，在嫩江下游、吉林西部和黄河故道等地区也出现以斑点状流沙为主的沙漠化土地。

② 机械损伤：强风可造成农作物和林木折枝损叶，拔根、倒伏落粒、落花、落果和受粉不良等。受害程度因风力、株高、株型、密度、行向和生育期等而异。

③ 生理危害：风能加速植物的蒸腾作用，特别在干热条件下，使其耗水过多，根系吸水不足，可以导致农作物灌浆不足，瘪粒严重甚至枯死；林木也可造成枯顶或枯萎等现象。冬季的大

风能加重作物的冻害。另外，在东南沿海地区的海风，因含有较高的盐分，可造成盐蚀等，对植物授粉和花粉发芽也有影响。

2. 雨期施工准备

由于雨期施工持续时间较长，而且大雨、大风等恶劣天气具有突然性，因此应认真编制好雨期施工的安全技术措施，做好雨期施工的各项准备工作。

（1）合理组织施工

根据雨期施工的特点，将不宜在雨期施工的工程提早或延后安排，对必须在雨期施工的工程制定有效的措施。晴天抓紧室外作业，雨天安排室内工作。注意天气预报，做好防汛准备。遇到大雨、大雾、高温雷击和 6 级以上大风等恶劣天气，应当停止进行露天高处、起重，吊装和打桩等作业。暑期作业应当调整作息时间，从事高温作业的场所应当采取通风和降温措施。

（2）做好施工现场的排水

1）根据施工总平面图、排水总平面图，利用自然地形确定排水方向，按规定坡度挖好排水沟，确保施工工地排水畅通；

2）应严格按防汛要求，设置连续、通畅的排水设施和其他应急设施，防止泥浆、污水、废水外流或堵塞下水道和排水河沟；

3）若施工现场临近高地，应在高地的边缘（现场的上侧）挖好截水沟，防止洪水冲入现场；

4）雨期前应做好傍山的施工现场边缘的危石处理，防止滑坡、塌方威胁工地；

5）雨期应设专人负责，及时疏浚排水系统，确保施工现场排水畅通。

（3）运输道路

1）临时道路应起拱 5‰，两侧做宽 300mm、深 200mm 的排水沟；

2）对路基易受冲刷部分，应铺石块、焦渣、砾石等渗水防滑材料，或者设涵管排泄，保证路基的稳固；

3）雨期应指定专人负责维修路面，对路面不平或积水处应及时修好；

4）场区内主要道路应当硬化。

（4）临时设施及其他施工准备工作

1）施工现场的大型临时设施，在雨期前应整修加固完毕，应保证不漏、不塌、不倒，周围不积水，严防水冲入设施内。选址要合理，避开滑坡、泥石流、山洪、坍塌等灾害地段。大风和大雨后，应当检查临时设施地基和主体结构情况，发现问题及时处理。

2）雨期前应清除沟边多余的弃土，减轻坡顶压力。

3）雨后应及时对坑槽沟边坡和固壁支撑结构进行检查，深基坑应当派专人进行认真测量、观察边坡情况，如果发现边坡有裂缝、疏松、支撑结构折断、走动等危险征兆，应当立即采取措施。

4）雨期施工中遇到气候突变，发生暴雨、水位暴涨、山洪暴发或因雨发生坡道打滑等情况时应当停止土石方机械作业施工。

5）雷雨天气不得露天进行电力爆破土石方，如中途遇到雷电时，应当迅速将雷管的脚线、电线主线两端连成短路。

6）大风大雨后作业，应当检查起重机械设备的基础、塔身的垂直度、缆风绳和附着结构，以及安全保险装置并先试吊，确认无异常方可作业。轨道式塔机，还应对轨道基础进行全面检查，检查轨距偏差、轨顶倾斜度、轨道基础沉降、钢轨不直度和轨道通过性能等。

7）落地式钢管脚手架底应当高于自然地坪 50mm，并夯实整平，留一定的散水坡度，在周围设置排水措施，防止雨水浸泡脚手架。

8）遇到大雨、大雾、高温、雷击和 6 级以上大风等恶劣天气，应当停止脚手架的搭设和拆除作业。

9）大风、大雨后，要组织人员检查脚手架是否牢固，如有倾斜、下沉、松扣、崩扣和安全网脱落、开绳等现象，要及时进行处理。

3. 雨期施工的用电与防雷

（1）雨期施工的用电

1）各种露天使用的电气设备应选择较高的干燥处放置；

2）机电设备（配电盘、闸箱、电焊机、水泵等）应有可靠的防雨措施，电焊机应加防护雨罩；

3）雨期前应检查照明和动力线有无混线、漏电，电杆有无腐蚀，埋设是否牢靠等，防止触电事故发生；

4）雨期要检查现场电气设备的接零、接地保护措施是否牢靠，漏电保护装置是否灵敏，电线绝缘接头是否良好。

（2）雨期施工的防雷

1）防雷装置的设置范围。施工现场高出建筑物的塔吊、外用电梯、井字架、龙门架以及较高金属脚手架等高架设施，如果在相邻建筑物、构筑物的防雷装置保护范围以外，在表 8-3 规定的范围内，则应当按照规定设防雷装置，并经常进行检查。

施工现场内机械设备需要安装防雷装置的规定　　表 8-3

地区平均雷暴日（d）	机械设备高度（m）
≤15	≥50
>15，≤40	≥32
>40，≤90	≥20
>90 及雷灾特别严重的地区	≥12

如果最高机械设备上的避雷针，其保护范围按照 60m 计算能够保护其他设备，且最后退出现场，其他设备可以不设置避雷装置。

2）防雷装置的构成及操作要求。施工现场的防雷装置一般由避雷针、接地线和接地体三部分组成。

避雷针，装在高出建筑物的塔式起重机、人货电梯、钢脚手架等的顶端。机械设备上的避雷针（接闪器）长度应当为 1

～2m。

接地线，可用截面积不小于 $16mm^2$ 的铝导线，或用截面积不小于 $12mm^2$ 的铜导线，或者用直径不小于 $\phi18$ 的圆钢，也可以利用该设备的金属结构体，但应当保证电气连接。

接地体，有棒形和带形两种。棒形接地体一般采用长度1.5m、壁厚不小于 2.5mm 的钢管或 L5×50 的角钢。将其一端垂直打入地下，其顶端离地平面不小于 500mm 带形接地体可采用截面积不小于 $50mm^2$，长度不小于 3m 的扁钢，平卧于地下500mm 处。

防雷装置的避雷针、接地线和接地体必须焊接（双面焊），焊缝长度应为圆钢直径的 6 倍或扁钢厚度的 2 倍以上。

施工现场所有防雷装置的冲击接地电阻值不得大于 30Ω。

4. 雨期施工的安全事项

（1）必须加强安全检查工作，保护好"四口"、"五临边"，场地内临时道路、脚手架、钢平台等需要及时清理积水，并采取适当的防滑措施，避免意外事故的发生；对高空及交叉作业人员要经常进行教育。

（2）在施工部署上要根据气候变化，内、外相结合的原则，晴天多搞室外，雨天多搞室内，尽量缩短雨天露天作业时间，缩小雨天露天作业面以及采取集中资源突击作业的方针，尽可能的采取分段、分部位突击施工的方法，对结构已完的工程，突击将屋面防水做完，及时安好落水管，使室内作业不受影响。

（3）根据本工程的特点，将生产计划同雨期施工结合起来，小雨坚持不停工，则需采取搭设防雨棚，加强雨期施工的安全工作，施工人员配备防雨用具，做好防漏电和防滑工作。搞好雨期施工期间工程材料的储备和保护工作。

（4）现场工棚、仓库、宿舍等大小型临时工程应在雨季前修整完毕，要保证不漏、不塌和周围不积水。

（5）原材料、成品及半成品的保护工作：水泥应按不同品种、标号、出厂日期和厂别分别堆放。雨季更应遵守"先收先用，后收后用"原则，避免久存的水泥受潮影响质量。水泥尽量堆放在正式的房屋内，要做到绝对不使水泥受潮。雨季前要检查库房，防止漏雨。露天堆垛要砌砖平台，高度不小于500mm，四周设排水沟，垛底铺油毡，用防雨篷布覆盖好。砖和砂石集中堆放，堆放在地势较高的地方，以利排水。门窗，加工铁活等材料采取架高、用防雨篷布遮盖或堆放室内。

（6）脚手架、缆风绳等应进行一次全面检查，每次大风雨后也要及时复查，检查中发现松动、腐蚀情况应及时做好处理，搭设的斜（马）道必须钉好防滑条。

（7）搞好现场消防安全。

1）各工地加强仓库及木工区的防护，加强对火源的管理；

2）施工用电勤于检查，杜绝电路短路；合理布置好施工电缆，不要接近易燃物品；

3）加强对易燃易爆物品的管理工作，专库存放，氧气、乙炔等禁止露天存放，防雷防日晒；电石等防止受潮雨淋发热；一些草垛不易过高防止发生自燃。

（8）施工现场食品安全、卫生保健措施。

保持清洁卫生。职工宿舍符合规定要求，保持通风干燥，采取防蝇防蚊防鼠措施，使用安全电压，执行卫生责任制度。安排卫生值日表，定期打扫卫生，保持宿舍清洁。施工现场施工垃圾及时处理，做好文明施工。职工食堂始终保持卫生清洁，定期采取消毒措施，一定做到防蝇防蚊防鼠，并保持四周卫生，不得有积水垃圾等。

5. 雨期施工的施工措施

（1）土方和基础工程

土方工程和基础工程受雨水影响较大，应注意以下几点：雨期开挖基槽（坑）和沟管时，应注意边坡稳定；为防止被雨水冲塌，可在边坡上加钉钢丝网片，并抹上10cm细石混凝土；也可用塑料布遮盖边坡；雨期施工工作面不宜过大，应逐段、逐片分期完成。基础挖至标高后，及时验收并浇筑混凝土垫层。如被雨水浸泡后的基础，应做必要的挖方回填等恢复基坑承载力工作；为防止基坑浸泡，开挖时要在坑内做好排水沟、集水井并组织好必要的排水力量；位于地下的池子和地下室，施工时应考虑周到。对雨前回填的土方，应及时进行碾压并使其表面形成一定坡度，以便雨水能自动排出；降雨量大时，应停止大面积的土方施工；对于堆积在施工现场的土方，应在四周做好防止雨水冲刷的措施。

基础施工完毕，应抓紧基坑四周的回填工作。停止人工降水（排水）时应验收箱形基础抗浮稳定性、地下室对基础的浮力。抗浮稳定系数应不小于 1.2，以防止出现基础上浮或者倾斜的重大事故。如抗浮稳定系数不能满足要求时，应继续抽水，直至施工上部荷载加上后能满足抗浮稳定性要求为止。当遇到大雨，水泵不能及时有效地降低积水高度时，应及时将积水灌加到箱形基础内，以增加基础的抗浮能力。

（2）砌体工程

砌体的整体稳定性多取决于砂浆的等粘结剂以及砌体材料的含水量，应掌握以下要点：砖在雨期必须集中堆放，不宜浇水。砌墙时要求干湿砖块合理搭配。砖湿度较大时不可上墙。砌筑高度不可超过 1m；雨期遇大雨必须停工。砌砖收工时应在砖墙顶盖一层干砖，避免大雨冲刷灰浆。大雨过后受雨水冲刷过的新砌墙体应翻砌最上面两层砖；稳定性较差的窗间墙、独立砖柱，应架设临时支撑或及时浇筑圈梁；砌体施工时，内外墙要尽量同时砌筑，并注意转角及丁字墙间的连接要同时跟上。遇台风时，应在风向相反的方向加临时支撑；砌体砂浆的拌合量不宜过多，以能满足砌筑需要为宜。拌好的砂浆要注意防止雨水的冲刷；雨后继续施工，须复核已完工砌体垂直度和标高，并检查砌体灰缝，受雨水冲刷严重之处须采取必要的补救措施。

（3）混凝土工程

模板隔离层在涂刷前要及时掌握天气预报，以防隔离层被雨水冲走；遇到大雨应停止浇筑混凝土，已浇部位应加以覆盖。现浇混凝土应根据结构情况和可能，多考虑几道施工缝留设位置；雨期施工时，应加强对混凝土粗、细骨料含水量的测定，及时调整用水量；大面积混凝土浇筑前，要了解 2～3 天的天气预报，尽量避开大雨。混凝土浇筑现场要预备大量防雨材料，以便浇筑时突然遇雨进行覆盖；模板支撑下回填要夯实，并加好垫板，雨后及时检查有无下沉；下雨时不得进行钢筋焊接、对接等工作，急需时应做好防雨工作或将施工场所移至室内进行；刚焊好的钢筋接头部位应防雨水浇淋，以免接头骤冷发生脆裂影响建筑物质量。

（4）吊装工程

构件堆放场地要平整坚实，周围要做好排水工作，严禁构件堆放区积水、浸泡，防止泥土粘到预埋件上；塔式起重机基础必须高出自然地面 15cm，严禁雨水浸泡基础；雨后吊装时，应首先检查塔吊本身稳定性，确认塔式起重机本身安全未受到雨水破坏时再做试吊，将构件吊至 1m 左右，往返上下多次稳定后再进行吊装工作；雨天可能会影响驾驶员的视线，如果司机没有在雨天吊装的经验，最好停止吊装工作；或请有经验的司机来进行；停止施工时，应将塔式起重机的吊钩收回靠拢塔身，不得在吊钩上遗留吊索、建筑构件等任何物体；雨天由于构件表面及吊装绳索被淋湿，导致绳索与构件之间摩擦系数降低，可能发生构件滑落等严重的质量安全事故，必要时可采取增加绳索与构件表面粗糙度等措施；雨天吊装应扩大地面的禁行范围，必要时增派人手进行警戒。

（5）屋面工程

卷材防水屋面尽量在雨季前施工，并同时安装屋面的落水管；雨天严禁油毡屋面施工，油毡、保温材料不准水淋；雨期屋面工程应采用湿铺法施工工艺。湿铺法就是在潮湿的基层上铺设卷材，先喷刷 1～2 道冷底子油，喷刷工作宜在水泥砂浆凝结初期进行操作，以防基层浸水。如基层浸水，应在基层表面干燥后方可铺贴油毡。

（6）抹灰工程

雨天不准进行室外抹灰，至少应能预计1～2天的天气变化情况。对已经施工的墙面，应注意防止雨水污染；室内抹灰尽量在做完层面后进行，至少已做完层面找平层，并已铺一层油毡；雨天不宜做罩面油漆。

（7）脚手架

雨期施工，脚手架应采取以下措施：加固脚手架基础。在脚手架底部加垫钢板或以条石为基础；适当添加与建筑物的连接杆件。脚手架上的马道等供人通行的地方应做好防滑与防跌落措施；检查脚手架连接处的连接件，如发现松动或位移应立即加固和恢复；雨期不得在脚手架上进行过多施工，工作面不宜铺得过大，要控制脚手架上的人员、构件及其他建筑材料数量，在脚手架上的动作不宜过于激烈；金属脚手架要做好防漏电措施。脚手架与现场施工电缆的交接处应有良好的绝缘介质隔离，并配以必要的漏电保护装置；或重新布置施工电缆，避免与金属脚手架的交接。

6. 夏期施工的卫生保健

（1）宿舍应保持通风、干燥，有防蚊蝇措施，统一使用安全电压。生活办公设施要有专人管理，定期清扫、消毒，保持室内整齐清洁卫生。

（2）中暑。炎热地区夏期施工应有防暑降温措施，防止中暑。

1）中暑可分为热射病、热痉挛和日射病，在临床上往往难以严格区别，而且常以混合式出现，统称为中暑。

先兆中暑。在高温作业一定时间后，如大量出汗、口渴、头昏、耳鸣、胸闷、心悸、恶心、软弱无力等症状，体温正常或略有升高（不超过 37.5℃），这就有发生中暑的可能性。此时如能及时离开高温环境，经短时间的休息后，症状可以消失。

轻度中暑。除先兆中暑症状外，如有下列症候群之一，称为轻度中暑：人的体温在 38℃ 以上，有面色潮红、皮肤灼热等现象；有呼吸、循环衰竭的症状，如面色苍白、恶心、呕吐、大量出汗、皮肤湿冷、血压下降、脉搏快而微弱等。轻度中暑经治疗，4～5h内可恢复。

重度中暑。除有轻度中暑症状外，还出现昏倒或痉挛、皮肤干燥无汗，体温在40℃以上。

2）防暑降温应采取综合性措施

组织措施：合理安排作息时间，实行工间休息制度，早晚干活，中午延长休息时间等。

技术措施：改革工艺，减少与热源接触的机会，疏散、隔离热源。

通风降温：可采用自然通风、机械通风和挡阳措施等。

卫生保健措施：供给含盐饮料，补偿高温作业工人因大量出汗而损失的水分和盐分。

施工现场应供符合卫生标准的饮用水，不得多人共用一个饮水器皿。

（三）冬 期 施 工

1. 冬期施工概念

在我国北方及寒冷地区的冬期施工中，由于长时间的持续低温、大的温差、强风、降雪和冰冻，施工条件较其他季节艰难的多，加之在严寒环境中作业人员穿戴较多，手脚亦皆不灵活，对工程进度、工程质量和施工安全产生严重的不良影响，必须采取附加或特殊的措施组织施工，才能保证工程建设顺利进行。

根据当地多年气象资料统计，当室外日平均气温连续5d稳定低于5℃即进入冬期施工；当室外日平均气温连续5d高于5℃时解除冬期施工。

冬期施工与冬季施工是两个不同的概念，不要混淆。例如在我国海拉尔、黑河等高纬度地区，每年有长达200多天需要采取冬期施工措施组织施工，而在我国南方许多低纬度地区常年不存在冬期施工问题。

2. 冬期施工特点

（1）冬期施工由于施工条件及环境不利，是各种安全事故多发季节。

（2）隐蔽性、滞后性。即工程是冬天施工的，大多数在春季开始才暴露出来问题，因而给事故处理带来很大的难度，不仅给工程带来损失，而且影响工程使用寿命。

（3）冬期施工的计划性和准备工作时间性强。这是由于准备工作时间短，技术要求复杂。往往有一些安全事故的发生，都是由于这一环节跟不上，仓促施工造成的。

3. 冬期施工基本要求

（1）冬期施工前两个月即应进行冬期施工战略性安排。

（2）冬期施工前一个月即应编制好冬期施工技术措施。

（3）冬期施工前一个月做好冬期施工材料、专用设备、能源、暂设工种等施工准备工作。

（4）搞好相关人员技术培训和技术交底工作。

4. 冬期施工的准备

（1）编制冬期施工组织设计

冬期施工组织设计，一般应在入冬前编审完毕。冬期施工组织设计，应包括下列内容：确定冬期施工的方法、工程进度计划、技术供应计划、施工劳动力供应计划、能源供应计划；冬期施工的总平面布置图（包括临建、交通、力能管线布置等）、防火安全措施、劳动用品；冬期施工安全措施；冬期施工各项安全技术经济指标和节能措施。

（2）组织好冬期施工安全教育培训

应根据冬期施工的特点，重新调整好机构和人员，并制定好岗位责任制，加强安全生产管理。主要应当加强保温、测温、冬期施工技术检验机构、热源管理等机构，并充实相应的人员。安排气象预报人员，了解近期、中长期天气，防止寒流突袭。对测温人员、保温人员、能源工（锅炉和电热运行人员）、管理人员组织专门的技术业务培训，学习相关知识，明确岗位责任，经考核合格方可上岗。

（3）物资准备

物资准备的内容如下：外加剂、保温材料；测温表计及工器具、劳保用品；现场管理和技术管理的表格、记录本；燃料及防冻油料；电热物资等。

（4）施工现场的准备

1）场地要在土方冻结前平整完工，道路应畅通，并有防止路面结冰的具体措施；

2）提前组织有关机具、外加剂、保温材料等实物进场；

3）生产上水系统应采取防冻措施，并设专人管理，生产排水系统应畅通；

4）搭设加热用的锅炉房、搅拌站，敷设管道，对锅炉房进行试压，对各种加热材料、设备进行检查，确保安全可靠；蒸汽管道应保温良好，保证管路系统不被冻坏；

5）按照规划落实职工宿舍、办公室等临时设施的取暖措施。

5. 冬期施工安全措施

（1）爆破法破碎冻土应当注意的安全事项：

1）爆破施工要离建筑物 50m 以外，距高压电线 200m 以外；

2）爆破工作应在专业人员指挥下，由受过爆破知识和安全知识教育的人员担任；

3）爆破之前应有技术安全措施，经主管部门批准；

4）现场应设立警告标志、信号、警戒哨和指挥站等防卫危险区的设施；

5）放炮后要经过 20min 才可以前往检查；

6）遇有瞎炮，严禁掏挖或在原炮眼内重装炸药，应该在距离原炮眼 60cm 以外的地方另行打眼放炮；

7）硝化甘油类炸药在低温环境下凝固成固体，当受到振动时，极易发生爆炸，酿成严重事故。因此，冬期施工不得使用硝化甘油类炸药。

（2）人工破碎冻土应当注意的安全事项：

1）注意去掉楔头打出的飞刺，以免飞出伤人；

2）掌铁楔的人与掌锤的人不能脸对着脸，应当互成90°。

（3）机械挖掘时应当采取措施注意行进和移动过程的防滑，在坡道和冰雪路面应当缓慢行驶，上坡时不得换挡，下坡时不得空挡滑行，冰雪路面行驶不得急刹车。发动机应当搞好防冻，防止水箱冻裂。在边坡附近使用、移动机械应注意边坡可承受的荷载，防止边坡坍塌。

（4）针热法融解冻土应防止管道和外溢的蒸汽、热水烫伤作业人员。

（5）电热法融解冻土时应注意的安全事项：

1）此法进行前，必须有周密的安全措施；

2）应由电气专业人员担任通电工作；

3）电源要通过有计量器、电流、电压表、保险开关的配电盘；

4）工作地点要设置危险标志，通电时严禁靠近；

5）进入警戒区内工作时，必须先切断电源；

6）通电前工作人员应退出警戒区，再行通电；

7）夜间应有足够的照明设备；

8）当含有金属夹杂物或金属矿石的冻结土时，禁止采用电热法。

（6）采用烘烤法融解冻土时，会出现明火，由于冬天风大、干燥，易引起火灾。因此，应注意安全：

1）施工作业现场周围不得有可燃物；

2）制定严格的责任制，在施工地点安排专人值班，务必做到有火就有人，不能离岗；

3）现场要准备一些砂子或其他灭火物品，以备不时之需。

（7）春融期间在冻土地基上施工。

春融期间开工前必须进行工程地质勘察，以取得地形、地貌、地物、水文及工程地质资料，确定地基的冻结深度和土的融沉类别。对有坑洼、沟槽、地物等特殊地貌的建筑场地应加点测定。开工后，对坑槽沟边坡和固壁支撑结构应当随时进行检查，深基坑应当派专人进行测量、观察边坡情况，如果发现边坡有裂缝、疏松、支撑结构折断、走动等危险征兆，应当立即采取措施。

（8）脚手架、马道要有防滑措施，及时清理积雪，外脚手架要经常检查加固。

（9）现场使用的锅炉、火炕等用焦炭时，应有通风条件，防止煤气中毒。

（10）防止亚硝酸钠中毒。

亚硝酸钠是冬期施工常用的防冻剂、阻锈剂，人体摄入 10mg 亚硝酸钠，即可导致死亡。由于外观、味道、溶解性等许多特征与食盐极为相似，很容易误作为食盐食用，导致中毒事故。要采取措施，加强使用管理，以防误食：

1）使用前应当召开培训会，让有关人员学会辨认亚硝酸钠（亚硝酸钠为微黄或无色，食盐为纯白）。

2）工地应当挂牌，明示亚硝酸钠为有毒物质。

3）设专人保管和配制，建立严格的出入库手续和配制使用程序。

（11）大雪、轨道电缆结冰和 6 级以上大风等恶劣天气，应当停止垂直运输作业，并将吊笼降到底层（或地面），切断电源。

（12）风雪过后作业，应当检查安全保险装置并先试吊，确认无异常方可作业。

（13）井字架、龙门架、塔机等缆风绳地锚应当埋置在冻土层以下，防止春季冻土融化，地锚锚固作用降低，地锚拔出，造成架体倒塌事故。

（14）塔机路轨不得铺设在冻胀性土层上，防止土壤冻胀或春季融化，造成路基起伏不平，影响塔机的使用，甚至发生安全事故。

6. 冬期施工防火要求

冬期施工现场使用明火处较多，管理不善很容易发生火灾，必须加强用火管理。

（1）施工现场临时用火，要建立用火证制度，由工地安全负责人审批。用火证当日有效，用后收回。

（2）明火操作地点要有专人看管。看火人的主要职责：注意清除火源附近的易燃、易爆物。不易清除时，可用水浇湿或用阻燃物覆盖。检查高层建筑物脚手架上的用火，焊接作业要有石棉防护，或用接火盘接住火花。检查消防器材的配置和工作状态情况，落实保温防冻措施。检查木工棚、库房、喷漆车间、油漆配料车间等场所，不得用火炉取暖，周围 15m 内不得有明火作业。施工作业完毕后，对用火地点详细检查，确保无死灰复燃，方可撤离岗位。

（3）供暖锅炉房及操作人员的防火要求：

1）供暖锅炉房。锅炉房宜建造在施工现场的下风方向，远离在建工程、易燃、可燃建筑、露天可燃材料堆场、料库等；锅炉房应不低于二级耐火等级；锅炉房的门应向外开启；锅炉正面与墙的距离应不小于 3m，锅炉与锅炉之间应保持不小于 1m 的距离。锅炉房应有适当通风和采光；锅炉上的安全设备应有良好照明。锅炉烟道和烟囱与可燃构件应保持一定的距离，金属烟囱距可燃结构不小于 100cm；已做防火保护层的可燃结构不小于 70cm；砖砌的烟囱和烟道其内表面距可燃结构不小于 50cm，其外表面不小于 10cm。未采取消烟除尘措施的锅炉，其烟囱应设防火星帽。

2）司炉工。严格值班检查制度，锅炉开着火以后，司炉人员不准离开工作岗位，值班时间绝不允许睡觉或做无关的事。司炉人员下班时，须向下一班做好交接班，并记录锅炉运行情况。炉灰倒在指定地点（不能带余火倒灰），随时观察水温及水位，禁止使用易燃、可燃液体点火。

（4）炉火安装与使用的防火要求：

加热法施工与采暖应尽量用暖气，如果用火炉，必须事先提出方案和防火措施，经消防保卫部门同意后方能开火。但在油漆、喷漆、油漆调料间，木工房、料库、使用高分子装修材料的装修阶段，禁止使用火炉采暖。

1）炉火安装。

各种金属与砖砌火炉，必须完整良好，不得有裂缝，各种金属火炉与可燃、易燃材料的距离不得小于 1m，已做保护层的火炉距可燃物的距离不得小于 70cm。各种砖砌火炉壁厚不得小于 30cm。在没有烟囱的火炉上方不得有可燃物，必要时须架设铁板等非燃材料隔热，其隔热板应比炉顶外围的每一边都多出 15cm 以上。在木地板上安装火炉，必须设置炉盘，有脚的火炉炉盘厚度不得小于 12cm，无脚的火炉炉盘厚度不得小于 18cm。炉盘应伸出炉门前 50cm，伸出炉后左右各 15cm。各种火炉应根据需要设置高出炉身的火挡。金属烟囱一节插入另一节的尺寸不得小于烟囱的半径，衔接地方要牢固。各种金属烟囱与板壁、支柱、模板等可燃物的距离不得小于 30cm。距已作保护层的可燃物不得小于 15cm。各种小型加热火炉的金属烟囱穿过板壁、窗户、挡风墙、暖棚等必须设铁板，从烟囱周边到铁板的尺寸，不得小于 5cm。各种火炉的炉身、烟囱和烟囱出口等部分与电源线和电气设备应保持 50cm 以上的距离。

2）炉火使用和管理的防火要求。

炉火必须由受过安全消防常识教育的专人看守，每人看管火炉的数量不应过多。移动各种加热火炉时，必须先将火熄灭后方准移动。掏出的炉灰必须随时用水浇灭后倒在指定地点。禁止用易燃、可燃液体点火。填的煤不应过多，以不超出炉口上沿为宜，防止热煤掉出引起可燃物起火。不准在火炉上熬炼油料、烘烤易燃物品。

（5）易燃、可燃材料的使用及管理：

1）使用可燃材料进行保温的工程，必须设专人进行监护、巡逻检查。人员的数量应根据使用可燃材料量的数量、保温的面积而定。

2）合理安排施工工序及网络图，一般是将用火作业安排在前，保温材料安排在后。

3）保温材料定位以后，禁止一切用火、用电作业，特别禁止下层进行保温作业，上层进行用火、用电作业。

4）照明线路、照明灯具应远离可燃的保温材料。

5）保温材料使用完以后，要随时进行清理，集中进行存放保管。

（6）冬期消防器材的保温防冻：

1）室外消火栓。冬期施工工地，应尽量安装地下消火栓，在入冬前应进行一次试水，加少量润滑油，消火栓用草帘、锯末等覆盖，做好保温工作，以防冻结。冬天下雪时，应及时扫除消火栓上的积雪，以免雪化后将消火栓井盖冻住。高层临时消防水管应进行保温或将水放空，消防水泵内应考虑采暖措施，以免冻结。

2）消防水池。

入冬前，应做好消防水池的保温工作，随时进行检查，发现冻结时应进行破冻处理。一般方法是在水池上盖上木板，木板上再盖上不小于 40～50cm 厚的稻草、锯末等。

3）轻便消防器材。入冬前应将泡沫灭火器、清水灭火器等放入有采暖的地方，并套上保温套。

九、施工现场安全标志

（一）安全标志

1. 安全标志的含义

根据《安全标志及其使用导则》GB 2894—2008，安全标志：用以表达特定安全信息的标志，由图形符号、安全色、几何形状（边框）或文字构成。

安全标志是向工作人员警示工作场所或周围环境的危险状况，指导人们采取合理行为标志的。安全标志能够提醒工作人员预防危险，从而避免事故发生；当危险发生时，能够指示人们尽快逃离，或者指示人们采取正确、有效、得力的措施，对危害加以遏制。安全标志不仅类型要与所警示的内容相吻合，而且设置位置要正确合理，否则就难以真正充分发挥其警示作用。

《消防安全标志　第1部分：标志》GB 13495.1—2015国家标准于2015年8月1日起正式实施。

2. 安全标志的构成成

根据国家标准规定，安全标志由安全色、几何图形和图形、符号构成。

3. 相关分类

安全标志从内容上可分为禁止标志、警告标志、指令标志和提示标志等。

禁止标志：禁止人们不安全行为。

警告标志：提醒人们注意周围环境，避免可能发生的危险。

指令标志：强制人们必须做出某种动作或采用某种防范措施。

提示标志：向人们提供某一信息，如标明安全设施或安全场所。

4. 施工现场常用安全标志

（1）禁止系列（红色）

禁止吸烟、禁止烟火、禁带火种、禁止机动车通行、禁止放易燃物、禁止用水灭火、禁止启动、禁止合闸、修理时禁止转动、转动时禁止加油、禁止触摸、禁止通行、禁止跨越、禁止攀登、禁止跳下、禁止入内、禁止停留、禁止靠近、禁止吊篮乘人、禁止堆放、禁止架梯、禁止抛物、禁止戴手套、禁止酒后上岗、禁止穿带钉鞋、禁止驶入、禁止单扣吊装、禁止停车、有人工作禁止合闸。

（2）警告标志（黄色）

注意安全、当心火灾、当心爆炸、当心腐蚀、当心中毒、当心化学反应、当心触电、当心电缆、当心机械伤人、当心伤手、当心吊物、当心坠落、当心落物、当心扎脚、当心车辆、当心塌方、当心坑洞、当心烫伤、当心弧光、当心铁屑伤人、当心滑跌、当心绊倒、当心碰头、当心夹手、有电危险、止步、高压危险。

（3）指令系列（蓝色）：

必须保持清洁、必须戴防护眼镜、必须戴好防尘口罩、必须戴好安全帽、必须戴好防护帽、必须戴好护耳器、必须戴好防护手套、必须穿好防护靴、必须系好安全带、必须穿好工作服、必须穿好防护服、必须用防护装置、必须用防护屏、必须走上方通道、必须用防护网罩。

（4）提示系列（绿色）：

紧急出口、安全通道、安全楼梯。

（二）安全色及对比色

1. 安全色包括四种颜色即：红色，黄色，蓝色，绿色

2. 安全色的含义及用途

（1）红色表示禁止，停止意思。禁止，停止和有危险的器件设备或环境涂以红色的标记。如禁止标志，交通禁令标志，消防设备

（2）黄色表示注意，警告的意思。需警告人们注意的器件，设备或环境涂以黄色标记。如警告标志，交通警告标志。交通禁令标志，消防设备。

（3）蓝色表示指令，必须遵守的意思。如指令标志必须佩带个人防护用具，交通知识标志等。

（4）绿色表示通行，安全和提供信息的意思。可以通行或安全情况涂以绿色标记。如表示通行，机器，启动按钮，安全信号旗等。

3. 对比色的含义

对比色是人的视觉感官所产生的一种生理现象，是视网膜对色彩的平衡作用。在色相环中每一个颜色对面（180°对角）的颜色，称为"对比色（互补色）"。把对比色放在一起，会给人强烈的排斥感。若混合在一起，会调出浑浊的颜色。如：红与绿，蓝与橙，黄与紫互为对比色。

也可以这样定义对比色：两种可以明显区分的色彩，叫对比色。包括色相对比、明度对比、饱和度对比、冷暖对比、补色对比、色彩和消色的对比等。是构成明显色彩效果的重要手段，也是赋予色彩以表现力的重要方法。其表现形式又有同时对比和相继对比之分。比如黄和蓝、紫和绿、红和青，任何色彩和黑、白、灰，深色和浅色，冷色和暖色，亮色和暗色都是对比色关系。

补色是指在色谱中一原色和与其相对应的间色间所形成的互为补色关系。原色有三种，即红、黄、蓝，它们是不能再分解的色彩单位。三原色中每两组相配而产生的色彩称之为间色，如红加黄为橙色，黄加蓝为绿色，蓝加红为紫色，橙、绿、紫称为间色。红与绿、橙与蓝、黄与紫就是互为补色的关系。由于补色有

强烈的分离性，故在色彩绘画的表现中，在适当的位置恰当地运用补色，不仅能加强色彩的对比，拉开距离感，而且能表现出特殊的视觉对比与平衡效果。

4. 施工现场常用的对比色

（1）对比色有黑白两种颜色，黄色安全色的对比色为黑色。红、蓝、绿安全色的对比色均为白色。而黑、白两色互为对比色。

（2）黑色用于安全标志的文字，图形符号，警告标志的集合图形和公共信息标志。

（3）白色则作为安全标志中红，蓝，绿色安全色的背景色，也可用于安全标志的文字和图形符号及安全通道，交通的标线及铁路站台上的安全线等。

（4）红色与白色相间的条纹比单独使用红色更加醒目，表示禁止通行，禁止跨越等，用于公路交通等方面的防护栏及隔离墩。

（5）黄色与黑色相间的条纹比单独使用黄色更为醒目，表示要特别注意。用于起重钓钩，剪板机压紧装置，冲床滑块等。

（6）蓝色与白色相间的条纹比单独使用蓝色醒目，用于指示方向，多为交通指导性导向标。

5. 安全色与对比色相间条纹

（1）安全色与对比色相间的条纹宽度应相等，即各占 50％，斜度与基准面成 45°。宽度一般为 100mm，但可根据设备大小和安全标志位置的不同，采用不同的宽度，在较小的面积上其宽度可适当的缩小，每种颜色不能小于两条。

（2）目前对防护栏杆一般设置为红色与白色相间条纹，这种条纹表达的意思为：表示禁止或提示消防设备、设施位置的安全标志。

（3）黄色黑色相间条纹的表达意思：表示危险位置的安全标志。

其中的红色表示：传递禁止、停止、危险或提示消防设备、设施的信息。

其中的黄色表示：传递注意、警告的信息。

（4）蓝色和白色的条纹：表示必须遵守的作息。

（5）绿色和白色的条纹：与提示标志牌同时使用，更为醒目的提示人民。

6. 安全线

工矿企业中用以划分安全区域与危险区域的分界线。厂房内安全通道的表示线，铁路站台上的安全线都是常见的安全线。根据国家有关规定，安全线使用白色，宽度不小于 60mm。在生产过程中，有了安全线的标示，我们就能区分安全区域和危险区域，有利于我们对安全区域和危险区域的认识和判断。

（三）安全标志的设置

1. 设置要求

在设置安全标志方面，相关法律法规已有诸多规定。

例如《建设工程安全生产管理条理》第二十八条规定，施工单位应当在施工现场入口处，施工起重机械，临时用电设施，脚手架出入通道口，楼梯口，电梯井口，孔洞口，桥梁口，隧道口，基坑边沿，爆破物及有害危险气体和液体存放处等危险部位，设置明显的安全警示标志。安全警示标志必须符合国家标准。

2. 安全标志的安装位置

（1）防止危害。首先要考虑：所有标志的安装位置都不可存在对人的危害。

（2）可视性，标志安装位置的选择很重要，标志上显示的信息不仅要正确，而且对所有的观察者要清晰易读。

（3）安装高度。通常标志应安装于观察者水平视线稍高一点的位置，但有些情况置于其他水平位置则是适当的。

（4）危险和警告标志。危险和警告标志应设置在危险源前方足够远处，以保证观察者在首次看到标志及注意到此危险时有充足的时间，这一距离随不同情况而变化。例如，警告不要接触开关或其他电气设备的标志，应设置在它们近旁，而大厂区或运输道路上的标志，应设置于危险区域前方足够远的位置，以保证在到达危险区之前就可观察到此种警告，从而有所准备。

（5）安全标志不应设置于移动物体上，例如门，因为物体位置的任何变化都会造成对标志观察变得模糊不清。

（6）已安装好的标志不应被任意移动，除非位置的变化有益于标志的警示作用。

3. 安全标志的使用

（1）危险标志 只安装于存在直接危险的地方，用来表明存在危险。

（2）禁止标志 用符号或文字的描述来表示一种强制性的命令，以禁止某种行为。

（3）警告标志 通过符号或文字来指示危险，表示必须小心行事，或用来描述危险属性。

（4）安全指示标志 用来指示安全设施和安全服务所在的位置，并且在此处给出与安全措施相关的主要安全说明和建议。

（5）消防标志 用于指明消防设施和火灾报警的位置，及指明如何使用这些设施。

（6）方向标志 用于指明正常和紧急出口，火灾逃逸和安全设施，安全服务及卫生间的方向。

（7）交通标志 用于向工作人员表明与交通安全相关的指示和警告。

（8）信息标志 用于指示出特殊属性的信息，如停车场，仓库或电话间等。

（9）强制性行动标志 用于表示须履行某种行为的命令以及需要采取的预防措施。例如，穿戴防护鞋，安全帽，眼罩等。

4. 安全标志的维护与管理

为了有效地发挥标志的作用，应对其定期检查，定期清洗，发现有变形，损坏，变色，图形符号脱落，亮度老化等现象存在时，应立即更换或修理，从而使之保持良好状况。安全管理部门应做好监督检查工作，发现问题，及时纠正。

另外要经常性地向工作人员宣传安全标志使用的规程，特别是那些须要遵守预防措施的人员，当建议设立一个新标志或变更现存标志的位置时，应提前通告员工，并且解释其设置或变更的原因，从而使员工心中有数，只有综合考虑了这些问题，设置的安全标志才有可能有效地发挥安全警示的作用。

5. 安全标志的设置方式

（1）高度

安全标志牌的设置高度应与人眼的视线高度一致，禁止烟火，当心坠物等环境标志牌下边缘距离地面高度不能小于 2m；禁止乘人、当心伤手、禁止合闸等局部信息标志牌的设置高度应视具体情况确定。

（2）角度

标志牌的平面与视线夹角应接近 90°，观察者位于最大观察距离时，最小夹角不低于 75°。

（3）位置

标志牌应设在与安全有关的醒目和明亮地方，并使大家看见后，有足够的时间来注意它所代表的内容。环境信息标志宜设在有关场所的入口处和醒目处；局部信息标志应设在所涉及的相应危险地点或设备（部件）附近的醒目处。标志牌一般不宜设置在可移动的物体上，以免这些物体位置移动后，看不见安全标志。标志牌前不得放置妨碍认读的障碍物。

（4）顺序

同一位置必须同时设置不同类型的多个标志牌时，应当按照警告、禁止、指令、提示的顺序，先左后右，先上后下的排列设置。

（5）固定

建筑施工现场设置的安全标志牌的固定方式主要为附着式、

悬挂式两种。在其他场所也可采用柱式。悬挂式和附着式的固定应稳固不倾斜，柱式的标志牌和支架应牢固地连接在一起。

6. 施工现场常用的安全标志（图 9-1、表 9-1、表 9-2）

图 9-1　建筑施工现场安全标志（一）

图 9-1 建筑施工现场安全标志（二）

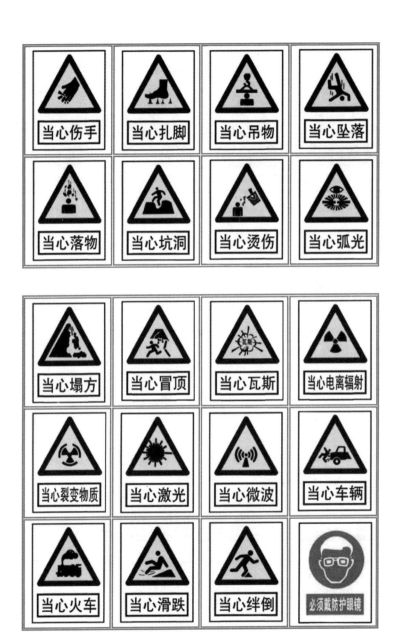

图 9-1　建筑施工现场安全标志（三）

143

图 9-1 建筑施工现场安全标志（四）

序号	标志名称	数量	购买时间	悬挂位置	备注
				施工现场安全标志一览（登记）表	**表 9-1**
1	六牌二图			正大门右侧	
2	进入施工现场 请戴好安全帽			正大门右侧	
3	施工重地，注意安全			大门口	
4	安全防范精细到位 质量管理精益求精			围墙	
5	项目经理岗位责任制			项目部办公室	
6	技术负责人岗位责任制			项目部办公室	
7	安全员岗位责任制			项目部办公室	
8	施工员岗位责任制			项目部办公室	
9	质检员岗位责任制			项目部办公室	
10	材料员岗位责任制			项目部办公室	
11	资料员岗位责任制			项目部办公室	
12	工人安全生产职责			项目部办公室	
13	关注安全，关爱生命， 共创和谐工地			办公楼	
14	门卫管理制度			门卫室	
15	配电重地，闲人莫入			总配电室	
16	食堂卫生管理制度			食堂内	
17	厕所卫生保洁制度			厕所内	
18	安全通道			通道口	
19	必须戴安全帽			通道口	
20	必须系安全带			通道口（主体阶段）	

施工现场安全标志一览（登记）表　　　　表 9-2

序号	标志名称	数量	购买时间	悬挂位置	备注
1	当心触电			配电房、配电箱	
2	当心坠落			四口五临边	
3	当心落物			钢筋、木料加工场	
4	当心伤手			钢筋、木料加工场	
5	当心机械伤人			钢筋、木料加工场	
6	当心塌方			边坡	
7	当心坑洞			基础施工现场	
8	禁止攀登			外脚手架	
9	禁止抛物			外脚手架	
10	卸料平台验收牌			卸料平台	
11	施工用电验收合格牌			总配电室	
12	塔机安装验收合格牌			塔吊	
13	起重吊装"十不吊"			塔吊标节	
14	塔吊安全操作规程			塔吊标节	
15	脚手架验收合格牌			外脚手架	
16	砂浆搅拌机操作规程			操作现场	
17	圆盘锯安全操作规程			木料加工场	
18	平刨机安全操作规程			木料加工场	
19	钢筋切断机操作规程			钢筋加工场	
20	钢筋弯曲机操作规程			钢筋加工场	

十、施工现场急救知识

目前，我国经济稳步发展，安全生产形势却不容乐观。近年来，重大煤矿、火灾、危险化学品、交通等各类事故时有发生，导致人员伤亡、财产损失。在加强事故预防工作、减少安全隐患的同时，事故的应急救援与现场救护也摆上了各级政府的议事日程。

《中华人民共和国安全生产法》第五章对安全生产事故的应急救援作了规定，主要包括应急救援预案的制定、应急救援体系的建立、应急救援组织、应急救援人员和装备、事故抢救、事故报告、事故调查处理和事故责任追究等内容。从法律上要求企业重视救援与事故救护工作。

《安全生产许可证条例》要求矿山企业、建筑施工企业、危险化学品、烟花爆竹、民用爆破器材生产企业应有生产安全事故应急救援预案和应急救援组织或者应急救援人员，配备必要的应急救援器材、设备。

根据国务院 2006 年 1 月 8 日发布的《国家突发公共事件总体应急预案》（以下简称《总体预案》），明确提出了应对各类突发公共事件的六条工作原则："以人为本，减少危害；居安思危，预防为主；统一领导，分级负责；依法规范，加强管理；快速反应，协同应对；依靠科技，提高素质。"《总体预案》在应急保障部分明确了医疗卫生保障和人员防护要求，要求组建医疗卫生应急专业技术队伍，根据需要及时赴现场开展医疗救治、疾病预防控制等卫生应急工作；及时为受灾地区提供药品、器械等卫生和医疗设备；必要时，组织动员红十字会等社会卫生力量参与医疗卫生救助工作；要采取必要的防护措施，严格按照应急程序开展应急救援工作，确保人员安全。

目前，国务院各有关部门已编制了国家专项预案和部门预案；全国各省、自治区、直辖市的省级突发公共事件总体应急预案均已完成编制；各地还结合实际编制了专项应急预案和保障预案；许多市（地）、县（市）以及企事业单位也制定了应急预案。至此，全国应急预案框架体系初步形成。

安全生产事故属于总体预案的事故灾难类。发生 30 人及以上死亡的安全生产事故为特别重大安全事故，发生 10～29 人死亡的安全生产事故为重大安全生产事故。对于可能导致重大事故发生的地区、行业和企业均应该编制应急救援预案，充分做好事故应急准备工作，采取积极有效的事故应急救援措施。

《中华人民共和国职业病防治法》、《危险化学品安全管理条例》等法律法规，都明确了企业必须建立应急救援预案和措施。

在安全生产事故发生后，事故应急救援体系能保证事故应急救援组织的及时出动，并针对性地采取救援措施，防止事故的进一步扩大，减少人员伤亡和财产损失。

（一）应急救护要点

1. 救护程序

现场急救，一般按照"环境评估、伤情评判、打开气道、人工呼吸、人工循环"程序进行。

（1）环境评估，即对环境存在的危险因素进行观察和评估。

1）首先确认环境有无危害急救者及伤病者的危险因素，确保自己及伤病者的安全。

2）有危险因素时应首先将其排除，无法排除时应呼救待援，不要随意进入事故现场。

3）确认现场无危险因素后应迅速进入现场检查伤者的伤情。

（2）伤情评判，即对伤者的伤害程度进行检查评判。

1）先在伤病者耳边大声呼唤，再轻拍其肩、臂，以试其反应，如没有反应，则可判定伤病者已经丧失意识；

2）了解伤病者受伤过程，以确定伤病者可能受到的伤害形式，如高处坠落，可能造成脊椎受伤，切勿随意搬动。

（3）打开气道，意识丧失的伤病者可因舌后坠而堵塞气道，造成呼吸障碍甚至窒息。

一般情况下，可使用压额提颏法打开气道。如果怀疑颈椎损伤，则应用改良推颏法打开气道。

2. 申请急救服务

拨打急救电话120，求助者应等待接电话者完全接收到信息并示意后才可挂断电话。电话内容包括：

（1）现场联络人的姓名，电话。

（2）事故发生的工程名称，工程地点（必要时可说明到达现场的途径）。

（3）事故发生的过程，种类。

（4）事故中伤病者人数。

（5）事故中受伤情况（受伤种类及其严重程度）。

（6）特殊说明（如需要接近被困伤病者或解除伤病者缠压物等）。

（7）要求接听者将内容重复一次，确保信息准确无误。

（二）施工现场的急救常识

急救现场处理，也叫现场抢救或入院前急救。它是指一些意外伤害、急重病人在未到达医院前得到及时有效的急救措施。目的是挽救生命，减少伤残和痛苦，为了进一步救治奠定基础。

1. 急救现场处理的主要任务

急救现场处理的主要任务是抢救生命、减少伤员痛苦、减少和预防加重伤情和并发症，正确而迅速地把伤病员转送到医院。

2. 急救现场处理的要点

（1）镇定有序的指挥：一旦灾祸突然降临，不要惊慌失措，如果现场人员较多，要一面马上分派人员迅速呼叫医务人员前来现场，一面对伤病员进行必要的处理。

（2）迅速排除致命和致伤因素：如搬开压在身上的重物，撤离中毒现场，如果是触电意外，应立即切断电源；清除伤病员口鼻内的泥砂、呕吐物、血块或其他异物，保持呼吸道通畅等。

（3）检查伤员的生命体征：检查伤病员呼吸、心跳、脉搏情况。如有呼吸心跳停止，应就地立刻进行心脏按压和人工呼吸。

（4）止血：有创伤出血者，应迅速包扎止血，材料就地取材，可用加压包扎、上止血带或指压止血等。同时尽快送往医院。

如有腹腔脏器脱出或颅脑组织膨出，可用干净毛巾、软布料或搪瓷碗等加以保护。有骨折者用木板等临时固定。神志昏迷者，未明了病因前，注意心跳、呼吸、两侧瞳孔大小。有舌后坠者，应将舌头拉出或用别针穿刺固定在口外，防止窒息。

（5）迅速而正确地转运：按不同的伤情和病情，按轻重缓急选择适当的工具进行转运。运送途中随时注意伤病员病情变化。

总之，就地抢救就是保证维持伤病员生命的前提下，抓主要矛盾，分清主次，有条不紊的进行，切忌忙乱，以免延误丧失有利时机。

3. 触电急救知识

触电者的生命能否获救，在绝大多数情况下取决于能否迅速脱离电源和正确地实行人工呼吸和心脏按压，拖延时间、动作迟缓或救护不当，都可能造成死亡。

（1）脱离电源

发现有人触电时，应立即断开电源开关或拔出插头，若一时无法找到并断开电源开关时，可用绝缘物（如干燥的木棒、竹竿、手套）将电线移开，使触电者脱离电源。必要时可用绝缘工具切断电源。如果触电者在高处，要采取防摔措施，防止触电者脱离电源后摔伤。

（2）紧急救护

根据触电者的情况，进行简单的诊断，并分别处理：

1）病人神志清醒，但感觉乏力、头昏、心悸、出冷汗，甚至有恶心或呕吐。此类病人应使其就地安静休息，减轻心脏负担，加快恢复；情况严重时，应立即小心送往医疗部门检查治疗。

2）病人呼吸、心跳尚存在，但神志昏迷。此时，应将病人仰卧，周围空气要流通，并注意保暖；除了要严密观察外，还要做好人工呼吸和心脏按压的准备工作。

3）如经检查发现，病人处于"假死"状态，则应立即针对不同类型的"假死"进行对症处理：如呼吸停止，应用口对口的人工呼吸法来维持气体交换；如心脏停止跳动，应用体外人工心脏按压法来维持血液循环。

4）怎样做人工呼吸

人工呼吸方法很多，有口对口吹气法、俯卧压背法、仰卧压胸法，但以口对口吹气式人工呼吸最为方便和有效。

口对口或（鼻）吹气法：此法操作简便容易掌握，而且气体的交换量大，接近或等于正常人呼吸的气体量。对大人、小孩效果都很好。

操作方法：

①病人取仰卧位，即胸腹朝天。

②救护人站在其头部的一侧，自己深吸一口气，对着伤病人的口（两嘴要对紧不要漏气）将气吹人，造成吸气。为使空气不从鼻孔漏出，此时可用一手将其鼻孔捏住，然后救护人嘴离开，将捏住的鼻孔放开，并用一手压其胸部，以帮助呼气。这样反复进行，每分钟进行14～16次。

③如果病人口腔有严重外伤或牙关紧闭时，可对其鼻孔吹气（必须堵住口）即为口对鼻吹气。救护人吹气力量的大小，依病人的具体情况而定。一般以吹进气后，病人的胸廓稍微隆起为最合适。口对口之间，如果有纱布，则放一块叠二层厚的纱布，或一块一层的薄手帕，但注意，不要因此影响空气出入。

俯卧压背法：此法应用较普遍，但在人工呼吸中是一种较古老的方法。由于病人取俯卧位，舌头能略向外坠出，不会堵塞呼吸道，救护人不必专门来处理舌头，节省了时间（在极短时间内将舌头拉出并固定好并非易事），能及早进行人工呼吸。气体交换量小于口对口吹气法，但抢救成功率高于下面将要提到的几种人工呼吸法。目前，在抢救触电、溺水时，现场还多用此法。但对于孕妇、胸背部有骨折者不宜采用此法。

操作方法：

①伤病人取俯卧位，即胸腹贴地，腹部可微微垫高，头偏向一侧，两臂伸过头，一臂枕于头下，另一臂向外伸开，以使胸廓扩张。

②救护人面向其头部，两腿屈膝跪地于伤病人大腿两旁，把两手平放在其背部肩胛骨下角（大约相当于第七对肋骨处）、脊柱骨左右，大拇指靠近脊柱骨，其余四指稍开微弯。

③救护人俯身向前，慢慢用力向下压缩，用力的方向是向下、稍向前推压。当救护人的肩膀与病人肩膀将成一直线时，不再用力。在这个向下、向前推压的过程中，即将肺内的空气压出，形成呼气。然后慢慢放松回身使外界空气进入肺内，形成吸气。

④按上述动作，反复有节律地进行，每分钟14～16次。

仰卧压胸法：此法便于观察病人的表情，而且气体交换量也接近于正常的呼吸量。但最大的缺点是，伤员的舌头由于仰卧而后坠，阻碍空气的出入。所以作本法时要将舌头按出。这种姿势，对于淹溺及胸部创伤、肋骨骨折伤员不宜使用。

操作方法：

①病人取仰卧位，背部可稍加垫，使胸部凸起。

②救护人屈膝跪地于病人大腿两旁，把双手分别放于乳房下面（相当于第六七对肋骨处），大拇指向内，靠近胸骨下端，其余四指向外放于胸廓肋骨之上。

③向下稍向前压，其方向、力量、操作要领与俯卧压背法

相同。

4. 创伤救护知识

创伤分为开放性创伤和闭合性创伤。开放性创伤是指皮肤或黏膜的破损，常见的有：擦伤、切割伤、撕裂伤、刺伤、撕脱、烧伤；闭合性创伤是指人体内部组织的损伤，而没有皮肤黏膜的破损，常见的有：挫伤、挤压伤。

（1）开放性创伤的处理

1）对伤口进行清洗消毒，可用生理盐水和酒精棉球，将伤口和周围皮肤上沾染的泥砂、污物等清理干净，并用干净的纱布吸收水分及渗血，再用酒精等药物进行初步消毒。在没有消毒条件的情况下，可用清洁水冲洗伤口，最好用流动的自来水冲洗，然后用干净的布或敷料吸干伤口。

2）及时止血，留住生命。出血是创伤后主要并发症之一，成年人出血量超过 800～1000mL 就可引起休克，危及生命。因此，止血是抢救出血伤员的一项重要措施，它对挽救伤员生命具有特殊意义。

六种有效止血方法：

一般止血法：针对小的创口出血。需用生理盐水冲洗消毒患部，然后覆盖多层消毒纱布用绷带扎紧包扎。注意：如果患部有较多毛发，在处理时应剪、剃去毛发。

指压止血法：只适用于头面颈部及四肢的动脉出血急救，注意压迫时间不能过长。

①头顶部出血：在伤侧耳前，对准下颌耳屏上前方 1.5cm 处，用拇指压迫颞浅动脉。

②头颈部出血：四个手指并拢对准颈部胸锁乳突肌中段内侧，将颈总动脉压向颈椎。注意不能同时压迫两侧颈总动脉，以免造成脑缺血坏死。压迫时间也不能太久，以免造成危险。

③上臂出血：一手抬高患肢，另一手四个手指对准上臂中段内侧压迫肱动脉。

④手掌出血：将患肢抬高，用两手拇指分别压迫手腕部的

尺、桡动脉。

⑤大腿出血：在腹股沟中稍下方，用双手拇指向后用力压股动脉。

⑥足部出血：用两手拇指分别压迫足背动脉和内踝与跟腱之间的颈后动脉。

屈肢加垫止血法：当前臂或小腿出血时，可在肘窝、膝窝内放以纱布垫、棉花团或毛巾、衣服等物品，屈曲关节，用三角巾作 8 字型固定。但骨折或关节脱位者不能使用。

橡皮止血带止血：常用的止血带是三尺左右长的橡皮管。方法是：掌心向上，止血带一端由虎口拿住，一手拉紧，绕肢体 2 圈，中、食两指将止血带的末端夹住，顺着肢体用力拉下，压住"余头"，以免滑脱。注意使用止血带要加垫，不要直接扎在皮肤上。每隔 45min 放松止血带 2～3min，松时慢慢用指压法代替。

绞紧止血法：把三角巾折成带形，打一个活结，取一根小棒穿在带子外侧绞紧，将绞紧后的小棒插在活结小圈内固定。

填塞止血法：将消毒的纱布、棉垫、急救包填塞、压迫在创口内，外用绷带、三角巾包扎，松紧度以达到止血为宜。

3）烧伤的急救应先去除烧伤源，将伤员尽快转移到空气流通的地方，用较干净的衣服把伤面包裹起来，防止再次污染；在现场，除了化学烧伤可用大量流动清水冲洗外，对创面一般不做处理，尽量不弄破水泡，保护表皮。

（2）闭合性创伤的处理

①较轻的闭合性创伤，如局部挫伤、皮下出血，可在受伤部位进行冷敷，以防止组织继续肿胀，减少皮下出血。

②如发现人员从高处坠落或摔伤等意外时，要仔细检查其头部、颈部、胸部、腹部、四肢、背部和脊椎，看看是否有肿胀、青紫、局部压疼、骨摩擦声等其他内部损伤，假如出现上述情况，不能对患者随意搬动，需按照正确的搬运方法进行搬运，否则，可能造成患者神经、血管损伤并加重病情。

现场常用的搬运方法有：担架搬运法——用担架搬运时，要使伤员头部向后，以便后面抬担架的人可随时观察其变化；单人徒手搬运法——轻伤者可挟着走，重伤者可让其伏在急救者背上，双手绕颈交叉下垂，急救者用双手自伤员大腿下抱住伤员大腿。

③如怀疑有内伤，应尽早使伤员得到医疗处理；运送伤员时要采取卧位，小心搬运，注意保持呼吸道通畅，注意防止休克。

④运送过程中如突然出现呼吸、心跳骤停时，应立即进行人工呼吸和体外心脏按压法等急救措施。

5. 火灾急救知识

一般地说，起火要有三个条件，即可燃物（木材、汽油）、助燃物（氧气、高锰酸钾）和点火源（明火、烟火、电焊火花）。扑灭初期火灾的一切措施，都是为了破坏已经产生的燃烧条件。

（1）火灾急救的基本要点

①及时报警，组织扑救。全体员工在任何时间、地点，一旦发现起火都要立即报警，并参与和组织群众扑灭火灾。

②集中力量，主要利用灭火器材，控制火势，集中灭火力量在火势蔓延的主要方向进行扑救以控制火势蔓延。

③消灭飞火，组织人力监视火场周围的建筑物，露天物质堆放场所的未尽飞火，并及时扑灭。

④疏散物质，安排人力和设备，将受到火势威胁的物质转移到安全地带，阻止火势蔓延。

⑤积极抢救被困人员；人员集中的场所发生火灾，要有熟悉情况的人做向导，积极寻找和抢救被围困的人员。

（2）火灾急救的基本方法

①先控制，后消灭。对于不可能立即扑灭的火灾，要先控制火势，具备灭火条件时再展开全面进攻，一举消灭。

②救人重于救火。灭火的目的是为了打开救人通道，使被困

人员得到救援。

③先重点，后一般。重要物资和一般物资相比，保护和抢救重要物资；火势蔓延猛烈方面和其他方面相比，控制火势蔓延的方面是重点。

④正确使用灭火器材；水是最常用的灭火剂，取用方便，资源丰富，但要注意水不能用于扑救带电设备的火灾；各种灭火器的用途和使用方法如下：

酸碱灭火器：倒过来稍加摇动或打开开关，药剂喷出；适合扑救油类火灾。

泡沫灭火器：把灭火器筒身倒过来；适用扑救木材、棉花、纸张等火灾，不能扑救电气、油类火灾。

二氧化碳灭火器：一手拿好喇叭筒对准火源，另一手打开开关即可；适于扑救贵重仪器和设备，不能扑救金属钾、钠、镁、铝等物质的火灾。

卤代烷灭火器（1211）：先拔掉按销，然后握紧压杆开关，使密封阀开启，药剂即在氮气压力下由喷嘴射出；适用于扑救易燃液体、可燃气体和电气设备等火灾。

干粉灭火器：打开保险销，把喷管口对准火源，拉出拉环，即可喷出；适用于扑救石油产品、油漆、有机溶剂和电气设备等火灾。

⑤人员撤离火场途中被浓烟围困时，应采用低姿势行走或匍匐穿过浓烟，有条件时可用湿毛巾等捂住嘴鼻，以便顺利撤出烟雾区；如无法进行逃生，可向外伸出衣物或抛出小物件，发出救人信号引起注意。

⑥进行物资疏散时应将参加疏散的职工编成组，指定负责人首先疏散通道，其次疏散物资，疏散的物资应堆放在上风向的安全地带，不得堵塞通道，并要派人看护。

（3）烧伤的处理

发生了烫伤，做好现场急救和早期适当处理可使伤势不再继续加重，预防感染和防止休克。

①遇到烫伤情况发生，应沉着镇静，使受伤者脱离火源。衣服着火时，立即脱去着火衣服或就地打滚扑灭火焰，切勿奔跑，以免风助火势，加重伤情；可用被褥、毯子等覆盖灭火。高温水或油烫伤时，应立即将被烫部位浸入冷水中或用冷水及冰水冲洗，以减少热力继续留在皮肤上起作用。严重烫伤时，创面不要涂药，用消毒敷料或干净被单等简单包扎，防止进一步损伤和污染。在寒冷季节要注意身体的保暖，尽快送医院。

②小面积的轻度烫伤，早期未形成水泡时，有红热刺痛者，可擦用菜油、豆油、清凉油和蓝油烃等或用消毒的凡士林纱布敷盖，也可用酱油湿敷，可起到消肿、止痛作用。已形成水泡者，先用 0.1%新洁尔灭溶液或 75%酒精涂拭周围皮肤，创面用生理盐水或肥皂水冲洗干净，在无菌条件下，将泡内液体抽出，创面用三磺软膏、四环素软膏、烫伤膏或消毒凡士林纱布加压包扎。二度烫伤处理应注意预防感染，并给止痛片减轻疼痛。大面积烫伤必须立即送医院急救。

6. 中毒及中暑急救知识

施工现场发生的中毒主要有食物中毒、燃气中毒及毒气中毒；中暑是指人员因处于高温高热的环境而引起的疾病。

（1）食物中毒的救护

①催吐：用筷子、勺把或手指刺激咽喉部引起呕吐。（但对腐蚀性毒物中毒时则不宜催吐，因为容易引起消化道出血或穿孔。处于昏迷休克或患有心脏病、肝硬化等也不宜催吐。）

②洗胃：神志清醒者，用大量清水分次喝下后，用催吐法吐出，初次进水量不超过 500 毫升，反复进行，直至洗出无色无味为止。（对腐蚀性毒物中毒时不要洗胃，昏迷病人洗胃时要慎重。）

③导泻：是肠内毒物排出的方法之一，用硫酸钠导泻或灌肠，此方法一般要在医院进行。

④保护胃黏膜：误服腐蚀性毒物，如强酸、强碱后，应及时服稠米汤、鸡蛋清、豆浆、牛奶、面糊（拌汤）或蓖麻油等保护

剂，保护胃黏膜。

⑤立即将病人送往就近医院或拨打急救电话120。

⑥及时报告工地负责人和当地卫生防疫部门，并保留剩余食品以备检验。

（2）燃气中毒的救护

①发现有人煤气中毒时，要迅速打开门窗，使空气流通。

②将中毒者转移到室外实行现场急救。

③立即拨打急救电话120或将中毒者送往就近医院。

④及时报告有关负责人。

（3）毒气中毒的救护

①在井（地）下施工中有人发生毒气中毒时，井（地）上人员绝对不要盲目下去救助；必须先向出事点送风，救助人员装备齐全安全保护用具，才能下去救人。

②立即报告工地负责人及有关部门，现场不具备抢救条件时，应及时拨打110或120电话求救。

（4）中暑的救护

①迅速转移。将中暑者迅速移至阴凉通风的地方，解开衣服、脱掉鞋子，让其平卧，头部不要垫高。

②降温。用凉水或50%酒精擦其全身，直到皮肤发红，血管扩张以促进散热。

③补充水分和无机盐类。能饮水的患者应鼓励其喝足凉盐开水或其他饮料，不能饮水者，应予静脉补液。

④及时处理呼吸、循环衰竭。呼吸衰竭时，可注射尼可刹明或山梗茶硷，循环衰竭时，可注射鲁明那钠等镇静药。

⑤转院。医疗条件不完善时，应对患者严密观察，精心护理，送往就近医院进行抢救。

7. 传染病应急救援措施

由于施工现场的施工人员较多，如若控制不当，容易造成集体感染传染病。因此需要采取正确的措施加以处理，防止大面积人员感染传染病。

（1）如发现员工有集体发烧、咳嗽等不良症状，应立即报告现场负责人和有关主管部门，对患者进行隔离加以控制，同时启动应急救援方案。

（2）立即把患者送往医院进行诊治，陪同人员必须做好防护隔离措施。

（3）对可能出现病因的场所进行隔离、消毒，严格控制疾病的再次传播。

（4）加强现场员工的教育和管理，落实各级责任制，严格履行员工进出现场登记手续，做好病情的监测工作。

8. 学会正确搬运伤员

伤病员在现场进行初步急救处理和随后送往医院的过程中，必须要经过搬运这一重要环节。正确的搬运术对伤病员的抢救、治疗和预后都至关重要。从整个急救过程来看，搬运是急救医疗不可分割的重要组成部分，仅仅把搬运看成简单体力劳动的观念是一种错误观念。

搬运方法：

（1）徒手搬运：

单人搬运：由一个人进行搬运。常见的有扶持法、抱持法、背法。

双人搬运法：椅托式、轿杠式、拉车式、椅式搬运法、平卧托运法。

（2）器械搬运法：

将伤员放置在担架上搬运，同时要注意保暖。在没有担架的情况下，也可以采用椅子、门板、毯子、衣服、大衣、绳子、竹竿、梯子等制作简易担架搬运。工具运送：如果从现场到转运终点路途较远，则应组织、调动、寻找合适的现代化交通工具，运送伤病员。

（3）危重伤病员的搬运：

脊柱损伤：硬担架，3~4人同时搬运，固定颈部不能前屈、后伸、扭曲。

颅脑损伤：半卧位或侧卧位。

胸部伤：半卧位或坐位。

腹部伤：仰卧位、屈曲下肢，宜用担架或木板。

呼吸困难病人：坐位。最好用折叠担架（或椅）搬运。

昏迷病人：平卧，头转向一侧或侧卧位。

休克病人：平卧位，不用枕头，脚抬高。

9. 施工现场事故急救措施

在施工生产中发生伤亡事故后，及时报告并同时抢救伤员，避免事故蔓延。保护现场——组织调查组进行现场勘察，分析事故原因、性质和责任后，提出处理意见和写出调查报告——事故的审理和结案——填写统计报告。

伤亡事故的报告和应急处理。

（1）伤亡事故发生后，现场有关人员应立即直接或者逐级报告企业（或工程项目）负责人。

（2）企业或工程项目负责人获悉重伤、死亡和重大伤亡事故后，应迅速赶到事故现场指挥抢救受伤人员，采取措施，防止事态扩大，并保护好现场。凡与事故有关的物体、痕迹和状态均不得破坏，为抢救受伤者需要移动现场物体时必须做好现场标志。同时上报企业上级主管部门及相关主管单位。

（3）事故发生后，及时编写好事故报告，逐级上报。

（4）应急处理注意事项。

事故发生时，现场人员不要惊慌失措，及时上报，抢救伤员，排除险情，制止蔓延，保护好事故现场。现场最高级别负责人应承担起应急处理的组织和指挥工作。制止惊慌混乱，将人员迅速撤出危险区域，抢救伤员，有把握的情况下排除险情和制止事故蔓延。

抢救指挥人员头脑一定要清醒，避免指挥失误。抢救工作必须"先保险后抢救排险"，以确保抢救和排险人员的安全。

严格的保护好现场，并派专人守护。

调查取证完毕，并完整记录在案后方可清理现场。

10. 施工现场常备药品（见表10-1、表10-2）

（1）外用药

施工现场常备药品一览表（外用药）　　　表 10-1

品名	适应症	品名	适应症
创可贴	烧烫伤	紫药水	消毒防腐
万花油	烧烫伤	京万红软膏	烧烫伤
碘酊（2%）	局部消毒	酒精（70%）	局部消毒
风油精	虫咬、牙痛	清凉油	驱暑醒脑
红药水	清毒止血	眼水、眼膏	眼部感染
棉垫、绷带	外伤出血	止血胶带	外伤出血

（2）内服药

施工现场常备药品一览表（内服药）　　　表 10-2

品名	适应症	品名	适应症
速效感冒胶囊	发烧、感冒	扑尔敏	抗过敏
氟哌酸	腹泻、尿道感染	果导	治便秘
复方甘草片	镇咳、祛痰	安定	失眠
碘喉片	咽炎、扁桃体炎	心痛定	降血压
颠茄片	胃痉挛	多酶片	助消化
阿司匹林	解热、镇痛	云南白药	散瘀、止痛、止血

（3）急救工具：担架。

（三）火 灾 逃 生

1. 火灾逃生口诀：

熟悉环境，出口易找；发现火情，报警要早；保持镇定，有序外逃；

简易防护，匍匐弯腰；慎入电梯，改走楼道；缓降逃生，不等不靠；

火已及身，切勿惊跑；被困室内，固守为妙；迷离险地，不贪不闹

2. 火灾自救方法

（1）尽可能蹲低身体，利用所剩余的氧气逃离火场。

（2）尽可能向地面逃生，若楼梯已被火封锁，则可利用绳索或被单连接起来，从窗口滑下地面逃生。

（3）火灾时可沿墙壁走，有楼梯的绝不使用电梯。

（4）带小孩逃离时，可利用被单将孩子绑在背上或是抱在胸前。

（5）在主要逃生道上若有许多人拥挤，应另找别的逃生通道。

3. 施工现场火灾逃生知识

（1）当发生火灾时，应奋力将小火控制，扑灭；千万不要惊慌失措，置小火于不顾而酿成大灾。

（2）如果发现火势无法控制，应保持镇静，判断危险地点和安全地点，决定逃生的办法和路线，尽快撤离险地。

（3）如果身处在建筑工程内，应立即选择距离近而且直通楼外地面的楼梯或上人马道向下跑，以逃到着火建筑物之外地面最为安全。

（4）经过充满烟雾的路线，要防止烟雾中毒，窒息，应采用低姿势行走或贴近地面俯卧爬行，有条件时可用湿毛巾，衣物等捂住嘴鼻，以便顺利撤出烟雾区。

（5）若下行楼梯受阻，疏散通道被大火阻断，确认无法逃生地面时，则应就近寻找临时避难场所，等待消防队救护。可撤退至楼顶施工层的上风处，求得暂时性的自我保护；也可通过窗口或者阳台等待向外逃生。

（6）当身上衣服着火时，不可惊跑或用手拍打，因奔跑或拍打会形成风势，促旺火势。应设法脱掉衣服或就地打滚，压灭火苗；应及时跳进水中或让人向身上浇水，喷灭火剂更有效。

十一、建筑施工安全事故知识

（一）基 本 简 介

1. 安全事故是指生产经营单位在生产经营活动（包括与生产经营有关的活动）中突然发生的，伤害人身安全和健康，或者损坏设备设施，或者造成经济损失的，导致原生产经营活动（包括与生产经营活动有关的活动）暂时中止或永远终止的意外事件。《安全生产行政处罚自由裁量适用规则试行》已审议通过，于 2010 年 7 月 27 日正式公布，将从 10 月 1 日起施行。

2. 相关分类

（1）按照事故产生的地点划分：

1）工矿商贸企业生产安全事故

2）火灾事故

3）道路交通事故

4）农机事故

5）水上交通事故

（2）按照其性质、严重程度、可控性和影响范围等因素，划分为四级：Ⅰ级（特别重大）、Ⅱ级（重大）Ⅲ级（较大）和Ⅳ级（一般）。

（3）按照事故原因划分：物体打击事故、车辆伤害事故、机械伤害事故、起重伤害事故、触电事故、火灾事故、灼烫事故、淹溺事故、高处坠落事故、坍塌事故、冒顶片帮事故、透水事故、放炮事故、火药爆炸事故、瓦斯爆炸事故、锅炉爆炸事故、容器爆炸事故、其他爆炸事故、中毒和窒息事故、其他伤害事故20 种。

（4）按照事故的等级划分：《生产安全事故报告和调查处理条例》第三条，根据生产安全事故（以下简称事故）造成的人员伤亡或者直接经济损失，事故一般分为以下等级：

1）特别重大事故，是指造成 30 人以上死亡，或者 100 人以上重伤（包括急性工业中毒，下同），或者 1 亿元以上直接经济损失的事故；

2）重大事故，是指造成 10 人以上 30 人以下死亡，或者 50 人以上 100 人以下重伤，或者 5000 万元以上 1 亿元以下直接经济损失的事故；

3）较大事故，是指造成 3 人以上 10 人以下死亡，或者 10 人以上 50 人以下重伤，或者 1000 万元以上 5000 万元以下直接经济损失的事故；

4）一般事故，是指造成 3 人以下死亡，或者 10 人以下重伤，或者 1000 万元以下直接经济损失的事故。

3. 建筑业常发生的事故

建筑施工伤亡事故类别主要是高处坠落、坍塌、物体打击、触电、起重伤害等。据住建部《全国建筑施工安全生产形势分析报告（2007 年度）》资料：

（1）事故类别分析

2007 年，全国建筑施工伤亡事故类别仍主要是高处坠落、坍塌、物体打击、触电、起重伤害等。这些事故的死亡人数共 915 人，分别占全部事故死亡人数的 45.45％、20.36％、11.56％、6.62％、6.42％，总计占全部事故死亡人数的 90.42％。（如图 11-1 所示）

（2）事故部位分析

2007 年，在洞口和临边作业发生事故的死亡人数占总数的 15.51％；

在各类脚手架上作业发生事故的死亡人数占总数的 11.86％；

安装、拆卸塔吊事故死亡人数占总数的 11.86％；

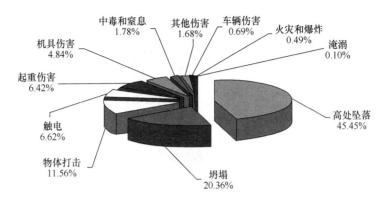

图 11-1　2007 年各类型事故死亡人数比例图

模板事故死亡人数占总数的 6.82%（如图 11-2 所示）。

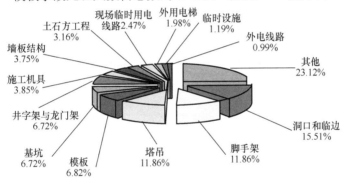

图 11-2　2007 年各类型事故发生部位死亡人数比例图

根据住房和城乡建设部《2014 年上半年房屋市政工程生产安全事故情况通报》：

2014 年上半年，房屋市政工程生产安全事故按照类型划分，高处坠落事故 120 起，占总数的 53.33%；坍塌事故 28 起，占总数的 12.44%；物体打击事故 27 起，占总数的 12.00%；起重伤害事故 21 起，占总数的 9.33%；机械伤害、车辆伤害、触电、中毒和窒息等其他事故 29 起，占总数的 12.89%（如图 11-3 所示）。

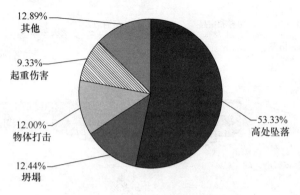

图 11-3　2014 年上半年事故类型情况

（二）事　故　认　定

1. 原则

（1）无证照或者证照不全的生产经营单位擅自从事生产经营活动，发生造成人身伤亡或者直接经济损失的事故，属于生产安全事故。

（2）个人私自从事生产经营活动（包括小作坊、小窝点、小坑口等），发生造成人身伤亡或者直接经济损失的事故，属于生产安全事故。

（3）个人非法进入已经关闭、废弃的矿井进行采挖或者盗窃设备设施过程中发生造成人身伤亡或者直接经济损失的事故，应按生产安全事故进行报告。其中由公安机关作为刑事或者治安管理案件处理的，侦查结案后须有同级公安机关出具相关证明，可从生产安全事故中剔除。

2. 房屋建筑

（1）由建筑施工单位（包括无资质的施工队）承包的农村新建、改建以及修缮房屋过程中发生的造成人身伤亡或者直接经济损失的事故，属于生产安全事故。

（2）虽无建筑施工单位（包括无资质的施工队）承包，但是农民以支付劳动报酬（货币或者实物）或者相互之间以互助的形式请人进行新建、改建以及修缮房屋过程中发生的造成人身伤亡或者直接经济损失的事故，属于生产安全事故。

3. 自然灾害

（1）由不能预见或者不能抗拒的自然灾害（包括洪水、泥石流、雷击、地震、雪崩、台风、海啸和龙卷风等）直接造成的事故，属于自然灾害。

（2）在能够预见或者能够防范可能发生的自然灾害的情况下，因生产经营单位防范措施不落实、应急救援预案或者防范救援措施不力，由自然灾害引发造成人身伤亡或者直接经济损失的事故，属于生产安全事故。

4. 认定程序

地方政府和部门对事故定性存在疑义的，参照《生产安全事故报告和调查处理条例》有关规定，按照下列程序认定：

（1）一般事故由县级人民政府初步认定，报设区的市人民政府确认。

（2）较大事故由设区的市级人民政府初步认定，报省级人民政府确认。

（3）重大事故由省级人民政府初步认定，报国家安全监管总局确认。

（4）特别重大事故由国家安全监管总局初步认定，报国务院确认。

（5）已由公安机关立案侦查的事故，按生产安全事故进行报告。侦查结案后认定属于刑事案件或者治安管理案件的，凭公安机关出具的结案证明，按公共安全事件处理。

（三）事　故　报　告

1. 事故报告程序及时限

（1）施工单位

事故发生后，事故现场有关人员应当立即向本单位负责人报告。

单位负责人接到报告后，应当于 1 小时内向事故发生地县级以上人民政府安全生产监督管理部门和负有安全生产监督管理职责的有关部门报告。

情况紧急时，事故现场有关人员可以直接向事故发生地县级以上人民政府安全生产监督管理部门和负有安全生产监督管理职责的有关部门报告。

（2）安全生产监督管理部门和负有安全生产监督管理职责的有关部门

安全生产监督管理部门和负有安全生产监督管理职责的有关部门接到事故报告后，应当依照下列规定上报事故情况，并通知公安机关、劳动保障行政部门、工会和人民检察院：

1）特别重大事故、重大事故逐级上报至国务院安全生产监督管理部门和负有安全生产监督管理职责的有关部门；

2）较大事故逐级上报至省、自治区、直辖市人民政府安全生产监督管理部门和负有安全生产监督管理职责的有关部门；

3）一般事故上报至设区的市级人民政府安全生产监督管理部门和负有安全生产监督管理职责的有关部门。

安全生产监督管理部门和负有安全生产监督管理职责的有关部门依照前款规定上报事故情况，应当同时报告本级人民政府。国务院安全生产监督管理部门和负有安全生产监督管理职责的有关部门以及省级人民政府接到发生特别重大事故、重大事故的报告后，应当立即报告国务院。

必要时，安全生产监督管理部门和负有安全生产监督管理职责的有关部门可以越级上报事故情况。

安全生产监督管理部门和负有安全生产监督管理职责的有关部门逐级上报事故情况，每级上报的时间不得超过 2 小时。

（3）事故报告后出现新情况的，应当及时补报

自事故发生之日起 30 日内，事故造成的伤亡人数发生变化

的，应当及时补报。道路交通事故、火灾事故自发生之日起 7 日内，事故造成的伤亡人数发生变化的，应当及时补报。

2. 事故报告应当包括下列内容：

（1）事故发生单位概况；

（2）事故发生的时间、地点以及事故现场情况；

（3）事故的简要经过；

（4）事故已经造成或者可能造成的伤亡人数（包括下落不明的人数）和初步估计的直接经济损失；

（5）已经采取的措施；

（6）其他应当报告的情况。

事故报告应当及时、准确、完整，任何单位和个人对事故不得迟报、漏报、谎报或者瞒报。

3. 事故应急处理

（1）事故发生单位负责人接到事故报告后，应当立即启动事故相应应急预案，或者采取有效措施，组织抢救，防止事故扩大，减少人员伤亡和财产损失。

（2）事故发生地有关地方人民政府、安全生产监督管理部门和负有安全生产监督管理职责的有关部门接到事故报告后，其负责人应当立即赶赴事故现场，组织事故救援。

（3）事故发生后，有关单位和人员应当妥善保护事故现场以及相关证据，任何单位和个人不得破坏事故现场、毁灭相关证据。

因抢救人员、防止事故扩大以及疏通交通等原因，需要移动事故现场物件的，应当做出标志，绘制现场简图并做出书面记录，妥善保存现场重要痕迹、物证。

（4）事故发生地公安机关根据事故的情况，对涉嫌犯罪的，应当依法立案侦查，采取强制措施和侦查措施。犯罪嫌疑人逃匿的，公安机关应当迅速追捕归案。

（5）安全生产监督管理部门和负有安全生产监督管理职责的有关部门应当建立值班制度，并向社会公布值班电话，受理事故报告和举报。

（四）事 故 调 查

1. 原则

事故调查处理应当坚持实事求是、尊重科学的原则，及时、准确地查清事故经过、事故原因和事故损失，查明事故性质，认定事故责任，总结事故教训，提出整改措施，并对事故责任者依法追究责任。

2. 事故调查负责方

（1）特别重大事故由国务院或者国务院授权有关部门组织事故调查组进行调查。

（2）重大事故、较大事故、一般事故分别由事故发生地省级人民政府、设区的市级人民政府、县级人民政府负责调查。省级人民政府、设区的市级人民政府、县级人民政府可以直接组织事故调查组进行调查，也可以授权或者委托有关部门组织事故调查组进行调查。

（3）未造成人员伤亡的一般事故，县级人民政府也可以委托事故发生单位组织事故调查组进行调查。

（4）上级人民政府认为必要时，可以调查由下级人民政府负责调查的事故。

3. 另行组织事故调查组进行调查

（1）自事故发生之日起 30 日内（道路交通事故、火灾事故自发生之日起 7 日内），因事故伤亡人数变化导致事故等级发生变化，依照本条例规定应当由上级人民政府负责调查的，上级人民政府可以另行组织事故调查组进行调查。

（2）特别重大事故以下等级事故，事故发生地与事故发生单位不在同一个县级以上行政区域的，由事故发生地人民政府负责调查，事故发生单位所在地人民政府应当派人参加。

4. 事故调查组的组成成员

（1）应当遵循精简、效能的原则。

（2）根据事故的具体情况，事故调查组由有关人民政府、安全生产监督管理部门、负有安全生产监督管理职责的有关部门、监察机关、公安机关以及工会派人组成，并应当邀请人民检察院派人参加。

（3）事故调查组可以聘请有关专家参与调查。

（4）事故调查组成员应当具有事故调查所需要的知识和专长，并与所调查的事故没有直接利害关系。

（5）事故调查组组长由负责事故调查的人民政府指定。事故调查组组长主持事故调查组的工作。

5. 事故调查组职责

（1）查明事故发生的经过、原因、人员伤亡情况及直接经济损失；

（2）认定事故的性质和事故责任；

（3）提出对事故责任者的处理建议；

（4）总结事故教训，提出防范和整改措施；

（5）提交事故调查报告。

6. 事故调查组的工作要求

（1）事故调查组有权向有关单位和个人了解与事故有关的情况，并要求其提供相关文件、资料，有关单位和个人不得拒绝。

（2）事故发生单位的负责人和有关人员在事故调查期间不得擅离职守，并应当随时接受事故调查组的询问，如实提供有关情况。

（3）事故调查中发现涉嫌犯罪的，事故调查组应当及时将有关材料或者其复印件移交司法机关处理。

（4）事故调查中需要进行技术鉴定的，事故调查组应当委托具有国家规定资质的单位进行技术鉴定。必要时，事故调查组可以直接组织专家进行技术鉴定。技术鉴定所需时间不计入事故调查期限。

（5）事故调查组成员在事故调查工作中应当诚信公正、恪尽职守，遵守事故调查组的纪律，保守事故调查的秘密。

（6）未经事故调查组组长允许，事故调查组成员不得擅自发布有关事故的信息。

（7）事故调查组应当自事故发生之日起60日内提交事故调查报告；特殊情况下，经负责事故调查的人民政府批准，提交事故调查报告的期限可以适当延长，但延长的期限最长不超过60日。

7. 事故调查报告应当包括下列内容

（1）事故发生单位概况；

（2）事故发生经过和事故救援情况；

（3）事故造成的人员伤亡和直接经济损失；

（4）事故发生的原因和事故性质；

（5）事故责任的认定以及对事故责任者的处理建议；

（6）事故防范和整改措施。

8. 事故调查报告的要求

（1）事故调查报告的要求、应当附具有关证据材料。事故调查组成员应当在事故调查报告上签名。

（2）事故调查报告报送负责事故调查的人民政府后，事故调查工作即告结束。事故调查的有关资料应当归档保存。

（五）事 故 处 理

1. 时限

重大事故、较大事故、一般事故，负责事故调查的人民政府应当自收到事故调查报告之日起15日内做出批复；特别重大事故，30日内做出批复，特殊情况下，批复时间可以适当延长，但延长的时间最长不超过30日。

2. 要求

（1）县级以上人民政府应当依照本条例的规定，严格履行职责，及时、准确地完成事故调查处理工作。

（2）事故发生地有关地方人民政府应当支持、配合上级人民政府或者有关部门的事故调查处理工作，并提供必要的便利条件。

（3）参加事故调查处理的部门和单位应当互相配合，提高事故调查处理工作的效率。

（4）工会依法参加事故调查处理，有权向有关部门提出处理意见。

（5）任何单位和个人不得阻挠和干涉对事故的报告和依法调查处理。

（6）对事故报告和调查处理中的违法行为，任何单位和个人有权向安全生产监督管理部门、监察机关或者其他有关部门举报，接到举报的部门应当依法及时处理。

（7）有关机关应当按照人民政府的批复，依照法律、行政法规规定的权限和程序，对事故发生单位和有关人员进行行政处罚，对负有事故责任的国家工作人员进行处分。

（8）事故发生单位应当按照负责事故调查的人民政府的批复，对本单位负有事故责任的人员进行处理。

（9）负有事故责任的人员涉嫌犯罪的，依法追究刑事责任。

（10）事故发生单位应当认真吸取事故教训，落实防范和整改措施，防止事故再次发生。防范和整改措施的落实情况应当接受工会和职工的监督。

安全生产监督管理部门和负有安全生产监督管理职责的有关部门应当对事故发生单位落实防范和整改措施的情况进行监督检查。

（11）事故处理的情况由负责事故调查的人民政府或者其授权的有关部门、机构向社会公布，依法应当保密的除外。

3. 法律责任

（1）事故发生单位主要负责人有下列行为之一的，处上一年年收入40％至80％的罚款；属于国家工作人员的，并依法给予处分；构成犯罪的，依法追究刑事责任：

1）不立即组织事故抢救的；

2）迟报或者漏报事故的；

3）在事故调查处理期间擅离职守的。

（2）事故发生单位及其有关人员有下列行为之一的，对事故发生单位处 100 万元以上 500 万元以下的罚款；对主要负责人、直接负责的主管人员和其他直接责任人员处上一年年收入 60％至 100％的罚款；属于国家工作人员的，并依法给予处分；构成违反治安管理行为的，由公安机关依法给予治安管理处罚；构成犯罪的，依法追究刑事责任：

1）谎报或者瞒报事故的；

2）伪造或者故意破坏事故现场的；

3）转移、隐匿资金、财产，或者销毁有关证据、资料的；

4）拒绝接受调查或者拒绝提供有关情况和资料的；

5）在事故调查中作伪证或者指使他人作伪证的；

6）事故发生后逃匿的。

（3）事故发生单位对事故发生负有责任的，依照下列规定处以罚款：

1）发生一般事故的，处 10 万元以上 20 万元以下的罚款；

2）发生较大事故的，处 20 万元以上 50 万元以下的罚款；

3）发生重大事故的，处 50 万元以上 200 万元以下的罚款；

4）发生特别重大事故的，处 200 万元以上 500 万元以下的罚款。

（4）事故发生单位主要负责人未依法履行安全生产管理职责，导致事故发生的，依照下列规定处以罚款；属于国家工作人员的，并依法给予处分；构成犯罪的，依法追究刑事责任：

1）发生一般事故的，处上一年年收入 30％的罚款；

2）发生较大事故的，处上一年年收入 40％的罚款；

3）发生重大事故的，处上一年年收入 60％的罚款；

4）发生特别重大事故的，处上一年年收入 80％的罚款。

（5）有关地方人民政府、安全生产监督管理部门和负有安全生产监督管理职责的有关部门有下列行为之一的，对直接负责的主管人员和其他直接责任人员依法给予处分；构成犯罪的，依法追究刑事责任：

1）不立即组织事故抢救的；

2）迟报、漏报、谎报或者瞒报事故的；

3）阻碍、干涉事故调查工作的；

4）在事故调查中作伪证或者指使他人作伪证的。

（6）事故发生单位对事故发生负有责任的，由有关部门依法暂扣或者吊销其有关证照；对事故发生单位负有事故责任的有关人员，依法暂停或者撤销其与安全生产有关的执业资格、岗位证书；事故发生单位主要负责人受到刑事处罚或者撤职处分的，自刑罚执行完毕或者受处分之日起，5年内不得担任任何生产经营单位的主要负责人。

为发生事故的单位提供虚假证明的中介机构，由有关部门依法暂扣或者吊销其有关证照及其相关人员的执业资格；构成犯罪的，依法追究刑事责任。

（7）参与事故调查的人员在事故调查中有下列行为之一的，依法给予处分；构成犯罪的，依法追究刑事责任：

1）对事故调查工作不负责任，致使事故调查工作有重大疏漏的；

2）包庇、袒护负有事故责任的人员或者借机打击报复的。

（8）违反本条例规定，有关地方人民政府或者有关部门故意拖延或者拒绝落实经批复的对事故责任人的处理意见的，由监察机关对有关责任人员依法给予处分。

（9）特别重大事故以下等级事故的报告和调查处理，有关法律、行政法规或者国务院另有规定的，依照其规定。

（六）生产安全事故调查处理
"四个必须"和"四个严禁"

1. "四个必须"

必须坚持实事求是，尊重科学的原则。

必须严格遵守事故调查的程序和规定。

必须严格执行党风廉政建设的各项规定。

必须切实保障当事人的各项合法权益。

2. "四个严禁"

严禁接受事故当事人的贿赂、礼品或接受当事人安排的旅游、宴请、娱乐活动。

严禁向当事人收取没有法律依据的各种费用。

严禁向当事人提出与事故调查处理无关的各种不合理要求。

严禁借调查事故之机徇私舞弊，打击、报复当事人。

（七）标 准 格 式

1. 事故分析报告

（1）工伤事故分析报告格式

工伤事故分析报告格式　　　　　表 11-1

工伤事故分析报告格式	参 考 内 容
一、概述	
（一）企业名称	
（二）伤者所属单位	
（三）事故责任单位	
（四）发生事故时间	
（五）事故地点	
（六）事故类别	1. 顶板，2. 机电，3. 运输，4. 瓦斯，5. 水害，6. 火灾，7. 放炮，8. 其他

工伤事故分析报告格式	参 考 内 容
（七）伤害统计	人数
二、事故地点概况	
三、事故经过	
四、事故原因	
（一）直接原因	是指直接引起伤害事故的机械、物质或环境的不安全状态和人的不安全行为。根据已查明的事故受伤害人的受伤害部位、受伤性质、起因物、致害物、伤害方式、不安全状态、不安全行为确定
（二）间接原因	是指能够引发直接原因的原因，多数是指安全监督管理方面的缺陷。 1. 技术和设计上有缺陷—工业构件、建筑物、机械设备、仪器仪表、工艺过程、操作方法、维修检验等的设计、施工和材料使用存在问题； 2. 教育培训不够、未经培训、缺乏或不懂安全操作知识； 3. 劳动组织不合理； 4. 对现场工作缺乏检查或指导错误； 5. 没有安全操作规程或不健全； 6. 没有或不认真实施事故防范措施，对事故隐患整改不力； 7. 其他
五、事故性质	非责任事故是指由目前不可控的自然力引起的事故或目前人类尚未完全掌握的技术原因引起的事故，除此之外皆为责任事故
六、责任分析及处理意见	
（一）责任分析	
1. 主要责任者	指其行为与事故的发生有直接关系的人员

工伤事故分析报告格式	参 考 内 容
2. 次要责任者	指对事故的发生起主要作用的人员。1. 违章指挥或违章作业、冒险作业造成事故的；2. 违反安全生产责任制和操作规程造成事故的；3. 违反劳动纪律、擅自开动机械设备、擅自更改、拆除、毁坏、挪用安全装置和设备造成事故的。
3. 管理责任者	指对事故的发生负有领导责任的人员。 　1. 由于安全生产责任制、安全生产规章和操作规程不健全造成事故的； 　2. 未按规定对员工进行安全教育和技术培训或未经考试合格上岗造成事故的； 　3. 机械设备超过检修或负荷运行或设备有缺陷不采取措施造成事故的； 　4. 作业环境不安全，未采取措施造成事故的； 　5. 新建、改建、扩建工程项目的安全设施，未与主体工程同时设计、同时施工、同时投入生产和使用造成事故的。
（二）处理意见	参考 1 号文件内容
七、防范措施	在系统分析事故深层次原因基础上，要针对事故的每一项原因，逐项制定相应的具体防范措施。防范措施要具有针对性和可操作性，并都要明确整改时间、整改负责人、追踪整改落实负责人、考核负责人等
八、附件	
（一）轻伤人员情况登记表	姓名、性别、年龄、文化程度、政治面貌、籍贯、入矿时间、职务、工种、工号、用工形式、接受安全教育、伤程度、受伤部位、点班、星期
（二）事故现场示意图	
（三）事故分析小组名单	主持人、记录人、参加人的姓名、职务、单位

（2）人身未遂事故、非人身伤害事故分析报告格式

人身未遂事故、非人身伤害事故分析报告格式　　　表 11-2

人身未遂事故、非人身伤害 事故分析报告格式	参　考　内　容
一、概述	
（一）发生事故时间	
（二）事故地点	
（三）事故类别	1. 顶板，2. 机电，3. 运输，4. 通防，5. 水害，6. 其他
（四）事故损失	1. 影响时间，2. 影响产量，3. 设备及其他损失
二、事故经过	
三、事故原因	
（一）直接原因	根据已查明的事故起因物、不安全状态、不安全行为确定
（二）间接原因	1. 技术和设计上有缺陷—工业构件、建筑物、机械设备、仪器仪表、工艺过程、操作方法、维修检验等的设计、施工和材料使用存在问题； 2. 教育培训不够、未经培训、缺乏或不懂安全操作知识； 3. 劳动组织不合理； 4. 对现场工作缺乏检查或指导错误； 5. 没有安全操作规程或不健全； 6. 没有或不认真实施事故防范措施，对事故隐患整改不力； 7. 其他
四、责任分析及处理意见	
（一）责任分析	
1. 主要责任者	指其行为与事故的发生有直接关系的人员

人身未遂事故、非人身伤害事故分析报告格式	参 考 内 容
2. 次要责任者	指对事故的发生起主要作用的人员。1. 违章指挥或违章作业、冒险作业造成事故的；2. 违反安全生产责任制和操作规程造成事故的；3. 违反劳动纪律、擅自开动机械设备、擅自更改、拆除、毁坏、挪用安全装置和设备造成事故的
3. 管理责任者	指对事故的发生负有领导责任的人员。 　1. 由于安全生产责任制、安全生产规章和操作规程不健全造成事故的； 　2. 未按规定对员工进行安全教育和技术培训或未经考试合格上岗造成事故的； 　3. 机械设备超过检修或负荷运行或设备有缺陷不采取措施造成事故的； 　4. 作业环境不安全，未采取措施造成事故的； 　5. 新建、改建、扩建工程项目的安全设施，未与主体工程同时设计、同时施工、同时投入生产和使用造成事故的
（二）处理意见	参考 1 号文件内容
五、防范措施	在系统分析事故深层次原因基础上，要针对事故的每一项原因，逐项制定相对应的具体防范措施。防范措施要具有针对性和可操作性，并都要明确整改时间、整改负责人、追踪整改落实负责人、考核负责人等
六、附件	
（一）事故现场示意图	
（二）事故分析小组名单	主持人、记录人、参加人的姓名、职务、单位

2. 事故调查组成员格式

调查组成员单位和人员：（组长、副组长、成员）　　表 11-3

事故调查组 成员单位	单　位	姓　名	职务职称	联系电话	备注
人民政府					
安全生产监督 管理部门					
负有安全生产监管 职责的有关部门					
监察机关					
公安机关					
工会					
人民检察院（邀请）					
有关专家（聘请）					

注明：备注未参加事故调查组的原因。

3. 安全事故处理意书

安全事故处理意书　　表 11-4

安全事故处理意见书

发生安全事故的时间：　　年　月　日

发生安全事故的地点：

参与事故处理的人员（签字）：

发生安全事故的原因：

_____

_____

_____

安全事故所造成的损失和影响：

_____

_____

_____

处理意见：

_____

_____

_____

_____

_____

_____

报送单位：

（八）安全事故案例分析

1. 坍塌事故案例分析

××高速公路路基工程土方坍塌事故

（1）事故简介

2004 年 4 月 15 日××省××高速公路工程，在土方施工过程中发生一起挡土墙基槽边坡土方坍塌事故，造成 5 人死亡，2

人受伤。

（2）事故发生经过

2004年3月2日××省某土建工程施工公司给非本单位职工王某等人开具前往建设单位××省某公司联系有关工程事宜的企业介绍信，并提供该单位有关资质证书（营业执照、建筑企业质量信誉等级证、建筑安全资格证等）。由王某等人持上述资料前往该建设单位，联系洽谈有关××高速公路××标段的路基挡土墙工程建设事宜。该土建工程施工公司又于当年3月3日和13日分别给建设单位开出承诺书及××高速公路××标段路基挡土墙施工组织设计。经建设单位审查后，确定由该公司承接××标段路基挡土墙开挖和砌筑任务。

2004年4月5日，建设单位给施工单位发函，通知其中标并要求施工单位于2004年4月6日进入现场施工。协同承揽工程并担任施工现场负责人的李某未将通知报告某施工公司，擅自在该通知上签名，并于4月5日以该单位的名义与建设单位草签了合同。4月6日李某再次以土建工程施工公司十一项目部的名义，向建设单位递交了开工报告和路基挡土墙土方开挖砌筑方案。4月6日建设单位回复同意施工方案。4月7日开始开挖，10日机械挖土基本完成。13日，王某、李某从一非法劳务市场私自招募民工进行清槽作业，15日分配其中8人在基槽南侧修整边坡，并准备砌筑挡土墙。9时50分左右，基槽南侧边坡突然发生坍塌，将在此作业的7人埋在土下，在场的其他民工立即进行抢救工作。10时20分，当救出2人时，土方再次坍塌，抢救工作受阻，在闻讯赶来的百余名公安干警的协助下，至12时50分抢救工作结束，被埋的5人全部死亡。

（3）事故原因分析

1）技术方面

在基槽施工前没有编制基槽支护方案，在施工过程中未采取有效的基槽支护措施是此次事故的直接原因。在施工过程中既未按照规定比例进行放坡，也未采取有效的支护措施。在修理边坡过程中没有按照自上而下的顺序施工，而是在基础下部挖掏，是此次事故的技术原因之一，也是导致此次事故的直接原因。

未按规定对基槽沉降实施监测。在土方施工过程中，应在边坡上口确定观测点，对土方边坡的水平位移和垂直度进行定期观测。由于在施工中未对土方边坡进行观测，因此当土方发生位移时，不能及时掌握边坡变化，从而导致事故发生，是此次事故技术原因之一，也是此次事故的主要原因。

2）管理方面

现场生产指挥和技术负责人不具备相应资格，违法组织施工。该工程现场负责人王某、李某和技术负责人刘某未取得相应执业资格证书，不具备建筑施工专业技术资格，违法组织施工生产活动，违章指挥，导致此次事故发生，是此次事故发生的重要管理原因。

建设单位违反监理工作程序，未经过监理工程师审查，建设单位回复同意施工方案，监理工程师现场未检查、未及时发现安全隐患，是此次事故发生的另一个管理原因。

（4）事故的结论与教训

这是一起严重的安全生产责任事故。表面上看此次事故直接原因是土方施工过程中没有根据基槽周边的土质制定施工技术方案、进行放坡或者采取有效的基槽支护措施。但实质上无论是建设单位，还是施工单位或者是监理单位，其中的任何一方如果能够严格履行管理职责，都可以避免此次事故的发生。

建筑施工企业经营管理存在严重缺陷。《建筑法》第二十六条明确规定：承包建筑工程的单位应当持有依法取得的资质证书，并在其资质等级许可的业务范围内承揽工程……禁止建筑施工企业以任何形式允许其他单位或者个人使用本企业的资质证书、营业执照，以本企业的名义承揽工程。该施工公司违反《建筑法》的规定，允许非本单位职工王某等人以单位名义承揽工程，同时，也未对其行使安全生产管理职能。如果该施工公司能够认真落实《建筑法》，严格执行企业经营管理的规章制度，拒绝提供企业施工资质，就可能终止王某等人的此次违法施工的行为。

建设单位未进行有效的监督。在王某组织施工生产过程中，无论是在对土方施工工艺，还是对劳动力安排，建设单位、监理单位未能按照有关规范对其进行有效监督。如果建设单位、监理单位对施工单位严格进行审查，对施工过程严格监督管理，就完全可以预防此次事故的发生。

此次事故在施工技术管理方面有明显漏洞。土方坍塌是一个渐变的过程，它是因土质密度较低，在受外力作用下产生切变线，由此土方发生位移导致坍塌。若在施工过程中按照技术规范在土方边坡设定观测点定期观测，将可以预先发现槽壁变形，及早采取措施，避免事故发生。

因此，该工程现场负责人王某等人对此次事故负有直接责任，应当依法追究其刑事责任，建设单位和施工单位也应负行政管理责任。

（5）事故的预防对策

1）加强和规范建筑市场的招投标管理。建设工程的招投标应该严格依法进行，本着公开、公正、公平的原则，增加建设工程招投标过程的透明度，这样就可以减少其中的一些违法行为。

2）依法建立健全企业生产经营管理制度，加强企业生产经营管理。通过完善建筑施工企业资质管理等手段，强化企业自我保护意识，维护企业利益，充分保护作业人员的身体健康和生命安全。

3）加强土方施工的技术管理。土方工程应该根据工程特点，依照相关地质资料，经勘察和计算编制施工方案，制定土方边坡的支护措施，并确定土方边坡的观测点，定期进行边坡稳定性的观测记录和对监测结果进行分析，及时预报、提出建议和措施。

（6）工程建设各方的责任

此次事故反映出在该项建设工程中存在多方面严重违反规范的行为和管理缺陷。

1）在此项工程招投标过程中，建设单位对施工单位的施工资质和相关手续没有逐项认真审查，在缺少施工企业法人委托书的情况下，即将工程发包，未对工程承包人的执业资格进行严格审查。

2）某施工公司违反《建筑法》的规定，允许非本单位职工以本单位名义承揽工程，对参与招投标的过程不闻不问。同时对其组织施工生产疏于管理，既没有在施工现场设立安全生产管理机构，也没有对承接的工程项目派出专职安全生产管理人员。

3）由于该工程现场负责人王某等人未取得执业资格证书，不具备建筑施工专业技术资格，因此在组织施工生产过程中严重违反了《建筑法》和专业施工技术要求。

4）监理单位应当对施工单位的施工方案进行审查，并按照监理规范监督安全技术措施实施，发现生产安全事故隐患时果断行使监理职责，要求停工整改。在此次事故中，工程监理乏力，没有有效制止施工生产中的不规范、不安全的现象和行为。因此在此次事故中，工程监理也存在事实不作为。

2. 高处坠落事故案例分析

某桥梁工地升降机吊笼坠落事故

（1）事故简介

1999 年 9 月，某大型桥梁工地门式索塔施工现场，发生了一起升降机吊笼坠落事故，造成 3 人死亡 1 人重伤的严重后果。

（2）事故发生过程

1999 年 9 月，某大型桥梁工地门式索塔，塔高约 80m，采用卷扬机提升系统。9 月 5 日晚 10 时左右，载有 4 名工人的吊笼离地提升，运行 4min 左右，听到上方有"咔嚓"的断裂声响，随后听到"砰"的一声巨响，吊笼坠地，造成 3 人当场死亡，1 人重伤的严重后果。

（3）事故原因分析

事故发生以后，有关部门的调查人员深入施工现场，对卷扬机提升系统进行了全面勘察和实地测量，并对该升降机的设计图纸和有关的技术资料进行了审查，发现存在下列问题。

1）提升钢丝绳为φ16mm，有两处被拉断，一处位于吊笼上方的滑轮架处，钢丝绳断口整齐，另一处位于卷扬机与导向滑轮之间，此段钢丝绳有6～7m长，有挤压、松散的现象，呈现典型的拉伸破断特征。在卷扬机的卷筒上尚存有180～190m的钢丝绳，排列整齐。起升钢丝绳总长280m，说明卷筒已放出钢丝绳99～100m左右，塔高约80m，可以说明吊笼已升至塔顶端附近，吊笼是在塔顶端坠落的。吊笼上部滑轮架和滑轮有挤压损伤痕迹，证明吊笼顶部与支承架的横梁撞击过，吊笼已经冲顶，可是卷扬机仍在旋转，造成卷扬机与导向滑轮之间钢丝绳被拉断，而顶部的钢丝绳被拉紧挤压直至被剪断。

2）吊笼提升系统的控制，设有2个并联的按钮开关和闸刀开关，未设紧急开关和失压过流等保护装置。按钮开关未设置在吊笼内部，而是设在上面某个位置，用来控制停止或运行，事故发生以后，按钮开关被打碎散落于地面。

3）在塔顶下方设有限位开关，但已不起作用；塔顶上方没有设置上限位开关和上极限开关。在塔底没有设置专用缓冲器，只是采用2个轮胎代替。

4）防止吊笼坠落的安全钳已经失效，安全钳上没有防护罩。在施工过程中，安全钳上落满了混凝土，联杆机构严重锈蚀，弹簧已经失效，根本起不了安全保护作用。

5）所有滑轮均系自制件，滑轮槽型不符合国家标准。导向滑轮的直径在170～200mm之间，与φ16钢丝绳不匹配，导向滑轮位置布置的不合理，在运行中钢丝摩擦塔壁。

6）没有安装使用维护说明书，没有电气控制系统图，没有任何技术文件规定额定起重量、钢丝绳型号以及卷扬提升系统的主要技术参数。

（4）事故结论与教训

根据以上现场调查的情况，可以归纳为以下几点结论和教训：

1）该卷扬机提升系统采用按钮控制，按钮位置设置不合理。按钮控制应设置在吊笼内部，以便随时能起到控制作用。若设置在外部，应采取其他有效措施确保能实现有效控制，随时实现吊笼的安全运行或停止。该控制系统没有做到这一点。在按钮设置处，没有专人负责控制。当吊笼上行至按钮处，由于笼内工人不能按动外面的控制按钮，或者此时按钮处于失灵状态（由于事故后按钮已被打碎散落，无法查证），笼内人员无法与地面人员联系，吊笼本已运行至顶端，卷扬机却继续旋转，以至发生事故。

2）该升降机安全装置不全，未设置上升限位开关以便切断控制电路，也未设置上升极限开关以切断总电源回路，致使吊笼失控后冲顶造成钢丝绳拉断使吊笼高空坠落。

3）安全钳失效，在钢丝绳被拉断后未能起到保护作用。这时本应由安全钳有效地钳往滑道钢丝绳，防止吊笼坠落。但是由于安全钳无防护罩，未能进行认真的日常维护，整个装置上落满了混凝土，联杆机构严重锈蚀，弹簧失效，使安全钳失去断绳保护作用，造成吊笼坠落塔底。

4）底部没有按照国家标准装设良好的缓冲装置，以吸收巨大的撞击能量。只是装置了2个轮胎应付了事。按照《施工升降机技术条件》GB 10054规定，"缓冲器是一种装在升降机底座上，用以减轻冲击的缓冲装置。它可以吸收吊笼的撞击动能，有弹簧式和油压式等等。"该升降机没有设置缓冲装置，造成重大的人员伤亡事故。

（5）事故的预防对策

1）升降机的吊笼属于高空作业设备，该设备的设计存在严重的缺陷和隐患，主要表现在开关设置、安全装置设置、缓冲装置设置等一系列问题。该设备制造和安装质量低劣，表现在滑轮制造、导向滑轮安装等方面。劳动安全管理部门不应该发给这种设备以使用许可证，从根本上杜绝事故发生。

2）这是一起典型的野蛮作业。必须制定安全操作规程，杜绝野蛮作业行为，保证安全生产，做到有章可循，有法可依。

3）操作工人必须要进行岗位培训。经过培训、具有一定素质的操作者面对这样一台升降机一定会拒绝使用的。可是他们没有拒绝这台存在巨大隐患的设备，结果造成了悲剧。

4）工地负责人必须牢固树立安全生产意识。工地负责人对这起事故有着不可推诿的责任，他们须有一颗为工人生命负责的责任心，为工程安全生产的责任心，只有这样才能够发现上述隐患，并可采取积极的措施，消除不安全的因素。

5）必须认真贯彻设备的维修、保养制度。按规定定期检查钢丝绳、安全装置等关键部位，是否处于良好状态。及时清除安全装置上的杂物，察看钢丝绳的断丝、磨损情况，达到报废标准坚决不准继续使用。

6）监理单位应加强督促有关方面对设备和安装的检查，发现存在安全事故的隐患并及时报告建设单位，同时应督促加强工人的安全生产教育和培训，树立安全第一思想，确保安全生产。

3. 起重事故案例分析

门式起重机吊装模板滑动造成挤伤事故

（1）事故简介

2003年11月，某特大桥项目部的混凝土预制件场搬迁，用门式起重机吊装钢底模板，在往5t东风货车上卸载时，由于重心偏位，钢底模板在车厢铁皮板上侧滑，将搬运工甲挤在车厢尾部与挡墙之间，搬运工甲头盖被挤破裂，当场死亡。

（2）事故发生过程

2003年11月3日，某特大桥项目部的混凝土预制件场，搬迁工作已处于尾声，该场的工长组织有关人员用门式起重机装车，将制作预制件的钢底模板运走，运输工具是东风牌5t载重汽车，当吊装第二车第一块钢底模板时，所吊的这块钢底模板面积为4×3.8m，重量为1.8t，一面两角裁切，采用2根吊索斜对角起吊。本应用4根吊索吊挂4个吊点，因为该场处于搬迁阶段且已接近尾声，当时只找到了 2 根吊索，因此钢底模板吊起时，重心有所偏位，钢底模板处于侧斜不平稳状态。当龙门起重机吊起后往东风货车上落钩时，侧斜的钢底模板与车厢底板铁板面先接触。这时吊装指挥（信号工）乙在汽车驾驶室一侧准备作调整，而搬运工甲则站在车厢尾部稳钩，该场的工长发现甲站位很危险，就喊他快躲开，而甲在没有接到乙发出指挥信号时，就喊落钩，落钩的同时，甲也看到了钢底模板在车厢底板上滑动，便慌忙从车厢的尾部往下跳，车厢尾部跟后面的挡墙有 1.2m 左右距离，挡墙高 2.2m，这时侧滑的钢底模板正在车厢底板上往挡墙冲过来，甲躲闪不及，头部挤在砖石挡墙上，甲的头盖被挤碎，致使甲当场死亡。

（3）事故原因分析

1）钢底模板吊挂方法不正确，被起吊的钢底模板应该用 4 根吊索吊挂在模板的 4 个吊点上，可这次吊装作业却只用 2 根吊索吊挂 2 个吊点，而且挂钩部位不正确，使吊装的钢底模板处于不稳定状态。

2）搬运工甲在稳钩作业中站位非常危险，现场作业的领导工长虽然发现，但为时已晚。而作为现场的指挥乙却没有发现这种危险情况或者发现了竟无动于衷，没有采取积极措施制止。

3）甲在东风载重卡车上稳钩作业，他并不具备指挥资格，却在具有侧滑趋势的钢底模板接触东风卡车车厢底板时喊落钩，造成钢底模板滑动，并且最终造成事故。而真正的指挥人员却不紧盯着载重物，到司机室另一侧考虑调整钢底模板位置，在指挥没有发出指挥号令的情况下，门式起重机司机竟然听取了甲的指挥，并且采取了快速落钩的不正确措施，这是典型的违章作业行为。从这三个人的表现可以看出，他们都没有遵守作业规程，最后酿成了这起严重事故。

4）该预制件场忽视安全生产，尤其在搬迁工作中放松安全管理。首先是从事这种大件的吊装，竟然连吊索都没有作好准备，野蛮作业；其次，在搬迁过程中，租用的东风货车，不具备运输大型构件的能力，东风载重卡车也没有采取任何铺垫措施。

（4）事故结论与教训

这是一起作业现场混乱，从领导到工人安全生产观念淡漠，在工场搬迁过程，毫无章法，凑合作业，结果酿成这起严重事故，这起事故给我们留下了深刻的教训：

1）起重吊装作业是具有一定危险性的作业项目，现场指挥人员、挂钩工人、吊车司机都应受过专门训练和培训，并应通过规定的技术考核取得资格证书方能上岗操作。在本起事故中，工人甲没有证书，但擅自发布落钩指令。指挥人员乙，在没有确保吊装安全的情况下，使吊车吊起重物，并且运移到载重卡车上方，待发现钢底模板重心偏位，模板侧斜，处于不稳状态时，并没有采取积极措施，将吊装重物迅速落在安全位置，而是在吊起状态下准备调整，这不符合指挥人员的素质，没有按操作规程办事。吊车司机应该为安全生产把关，当吊装重物方法不当，没有确保安全情况下，应拒绝起吊操作，但门式起重机司机没有做到这一点，而且没有听从指挥人员的指挥，违背了操作规程，造成了事故的发生。

2）无论在什么样的条件下，不管从事什么作业项目，都应把安全生产放在第一位。本案例中工场搬迁，应该充分作好准备工作，使搬迁有条不紊的进行，准备好吊装配件、车辆、工具、吊具等，并应在现场有专职干部负责指挥，做好人员分工，各司其职，密切配合，绝不应出现混乱局面，不能"凑合"、"将就"生产。

3）领导干部必须把安全生产放在首位，提高自身的安全素质，经常对职工进行安全生产教育，任何情况下，都不能放松安全管理。

4）监理单位应督促现场有关施工人员进行专门的培训，督促检查持证上岗，还应经常到现场进行巡视。

（5）事故的预防对策

1）凡从事特殊工种、起重工、起重机司机、挂钩工、指挥人员都应接受岗位培训，持证上岗。

2）坚决落实岗位责任制，这些特殊岗位，必须制定好岗位操作规程，落实责任，严禁违章作业，强调劳动纪律。

3）起吊装卸重物，最好使用专用吊具，如无专用吊具，吊装方法一定要科学和可靠，不能凑合，马马虎虎就可能出大问题。

4）领导一定要提高安全意识，确实负起责任，除经常对职工进行安全教育以外，还应经常深入基层，深入现场，随时发现不安全因素，并且切实解决。

4. 触电事故案例分析

电气线路架设混乱触电事故

（1）事故简介

2004 年 8 月 12 日，××高速公路××项目部的匝道工程施工中，由于工地的电气线路架设混乱，发生一起触电事故，造成 3 人死亡。

（2）事故发生经过

××高速公路××项目部的匝道由某建筑公司承包。该工程发生事故之前正在进行匝道的混凝土地面施工，匝道总长度 90m，宽 7m，匝道地面分为南北两段施工，南段已施工完毕。2004 年 8 月 11 日晚开始北段施工，到夜间零点左右时，地面作业需用滚筒进行碾压抹平，但施工区域内有一活动操作台（用钢管扣件组装）影响碾压作业进行，于是由 3 名作业人员推开操作台。但由于工地的电气线路架设混乱，再加上夜间施工只采用了局部照明，推动中挂住电线推不动，因光线暗未发现原因，便用钢管撬动操作台，从而将电线绝缘损坏，导致操作台带电，3 人当场触电死亡。

（3）事故原因分析

1）技术方面

①按《施工现场临时用电安全技术规范》JGJ 46 规定，线

路应按规定架设，否则会带来触电危险。

②按照规范夜间作业应设一般照明及局部照明。该匝道全长90m，现场只安排局部照明，线路敷设不规范的隐患操作人员很难发现。

③《施工现场临时用电安全技术规范》JGJ 46规定，电气安装应同时采用保护接零和漏电保护装置，当发生意外触电时可自动切断电源进行保护。而该工地电气混乱，工人触电后死亡。

2）管理方面

①该工地电气混乱，未按规定编制施工用电组织设计，因此隐患多而发生触电事故。

②电工缺乏日常检查维修，现场管理人员视而不见，因此隐患未能及时解决。

③夜间施工既没有电工跟班，也未预先组织对现场环境的检查，未及时发现隐患致夜间施工的工人触电后死亡。

（4）事故结论与教训

1）事故主要原因

本次事故是因施工现场管理混乱，临时用电工程未按规定编制专项施工方案，现场电气安装后未经验收，施工中又无人检查并提出整改要求，在线路架设、电源电压等不符合要求下施工，保护接零及漏电保护装置未安装或安装不合格导致失误，再加上夜间施工照明面积不够，施工人员推操作平台误挂电线造成触电事故。

2）事故性质

本次事故属责任事故。施工现场用电违章操作，现场指挥人员违章指挥，管理混乱，隐患未能及时解决。

3）建设各方责任

①项目工程生产负责人不按规定组织编制用电方案，对电工安装电气线路不符合要求又没提出整改意见，夜间施工环境混乱导致发生触电事故，应负违章指挥责任。

②某建筑公司主要负责人对施工现场不编制方案，随意安装

电气和现场管理失控，应负全面管理不到位的责任。

③监理单位未严格审查施工用电组织设计、专项施工方案、电气安装后未督促参加验收应负监督不到位的责任。

（5）事故的预防对策

1）应该对企业资质等级进行全面清理。该施工单位对临时用电不编制方案，电气安装错误，保护措施不合要求，漏电装置失灵，夜间施工条件不具备，触电事故发生后不懂急救知识等表现，都说明该项目经理及电工不懂电气使用规范，上级管理部门来现场也未提出整改要求。如此资质的企业如何能承包建筑工程，如何保障作业人员的安全。

2）主管部门应组织对企业管理人员和作业人员进行定期培训。临时用电规范为1988年颁发，时至2004年已有16年之久仍不了解、不执行，却在承包工程施工，本身就是管理上的失误，应该采取定期学习法规、规范，针对企业的实际及施工技术进步，提高管理水平和队伍素质。

3）伤亡事故统计表明，建筑企业的五大伤害中触电事故占有较大比例。为加强施工用电管理，建设部颁发了行业标准《施工现场临时用电安全技术规范》JGJ 46，要求各地严格执行。

4）本次事故的施工现场严重违反了本规范的相关规定，因此当发生意外触电时造成死亡事故；现场用电不按要求设置保护接零和漏电保护装置，当有人触电时不能得到保护，作业人员实际上是在无保护措施条件下施工；夜间生产照明不足又无电工跟班作业，当临时发生问题无人解决，给夜间施工带来危险。

5）施工用电是施工安全管理的弱项，现场管理人员多为土建专业，缺乏用电管理知识，而施工用电又属临时设施多被忽视而由电工自己管理，当现场电工素质较低、不懂规范、责任心不强时，会给电气安装带来隐患。必须加强专业电工的学习和对项目经理电气专业知识的培训，掌握一般基本规定以加强用电管理。

5. 机械伤害案例分析

<h2 style="text-align:center">混凝土搅拌机料斗挤压伤人事故</h2>

（1）事故概况

2004年10月14日下午3时40分许，某县级公路工地发生混凝土搅拌机料斗挤压伤人，造成1人死亡。

（2）事故经过

10月14日下午3时40时许，蔡某操作搅拌机时，当料斗提升到距地面1.4m时，发现料斗下降困难，经检查系搅拌机提升滚筒上钢丝绳跑出滚筒处，夹在转轴与轴承之间，此时蔡某在搅拌机旁边寻找了一块150cm×30cm的钢模支撑料斗后端中央底部，使料斗提升钢丝绳松动，以便将夹在转轴与轴承间的钢丝绳顺出来。蔡某站在料斗后端右侧面用钢模支撑料斗后，料斗钢丝绳松动，而钢模受力后上端从料斗后端底部滑出。

由于料斗冲击力大，致使料斗制动刹无法刹住，导致料斗突然坠落，蔡某来不及避让，被满载负荷的料斗（约350kg）压在底部，造成蔡某颅脑创伤，脑肋骨断残，经医院抢救无效死亡，时间为当日下午6时许。

受害者系该集团公司第一项目部搅拌机操作工兼机修工，已满62岁，为超退休年龄人员。

（3）事故原因分析

1）直接原因

①蔡某在排除机械故障时未能采取安全可靠的措施，未将料斗挂牢。

②发现机械故障后，蔡某未能及时报告工地负责人调动人员协助排除。

2）间接原因

①项目部对施工机具维修保养制度执行不严。

②项目部使用超退休年龄人员。

（4）事故防范措施

1）搅拌机料斗挂钩部分应完好，维修料斗时一定要将料斗挂好。

2）机械维修时一定要有辅助人员进行监护。

3）严格机修工持证上岗制度，不得使用超龄人员从事机修工作。

4）监理单位在巡视过程中，应检查混凝土搅拌人员是否持证上岗，对于超龄人员从事机修工作应当制止。

6. 无证操作挖掘机造成死伤事故

（1）事故概况

某二级公路工程由某土建公司承建（总包），其中挖土工程分包给某挖土工程公司施工。2003 年 5 月 19 日下午约 16 时 30 分由无证人员驾驶挖掘机造成一死一伤。

（2）事故经过

5 月 19 日下午约 16 时 30 分，挖土工程公司安排胡某进行挖掘机的操作，胡某在没有取得场内机动车驾驶操作证、现场没有专人负责指挥的情况下，并在酒后登机操作，在未确认作业区内无行人和障碍物的情况下，进行挖掘机倒行，把正在搬运钢管的水电工、电焊工压倒，造成一死一伤的事故。

（3）事故原因分析

1）胡某在没有取得场内机动车驾驶员操作证、现场没有专人负责指挥，并在酒后情况下登机操作，在未确认作业区内无行人和障碍物的情况下，进行挖掘机的倒行，以致压倒 2 人，造成一死一伤的事故，这是事故的直接原因。

2）该挖土工程公司作为一个土石方工程施工企业，没有挖掘机的安全技术操作规章制度，在挖土作业中未派专职指挥人员（或现场监护人员）进行现场指挥（监护），又缺乏必要的警示标志，就安排无挖掘机操作证的人员从事土石机械的操作，这是事故的主要原因。

3）某土建公司是某土建工程的总包单位，虽与分包单位有施工协议，但分包未经有关管理单位鉴证，在工程立体交叉作业中，缺乏统一协调，在安全管理上不严格，特别是在特别狭小的作业场所进行挖土，检查、监督不到位，这是事故发生的重要原因。

4）监理单位对分包监管不严、不到位也是原因之一。

（4）事故教训与防范措施

1）特种工作人员必须持证上岗。

2）工程立体交叉、多支队伍施工，现场项目部应有一个统一指挥、统一协调的安全管理网络，总分包之间严格按照安全职责，加强现场安全管理。

3）对作业危险区要设立明显的安全警示牌，设有专人监护。

参 考 文 献

［1］ 周和容．安全员管理实物［M］．北京：中国建筑工业出版社，2007.

［2］ 叶刚．建筑施工安全手册［M］．北京：金盾出版社，2005.

［3］ 高正军．建筑工程安全员一本通［M］．武汉：华中科技大学出版社，2008.

［4］ 中华人民共和国建筑法．

［5］ 建设工程安全生产管理条例．

［6］ 阚珂．中华人民共和国安全生产法释义［M］．北京：法律出版社，2014.

［7］ 住房和城乡建设部工程质量安全监管司．特种作业安全生产基本知识［M］．北京：中国建筑工业出版社，2009.

［8］ 中国建筑工业出版社．现行建筑施工规范大全［M］．北京：中国建筑工业出版社，2014.

［9］ 中华人民共和国住房和城乡建设部．JGJ/T 77 施工企业安全生产评价标准［S］．北京：中国建筑工业出版社，2003.

［10］ 吴庆州．建筑安全［M］．北京：中国建筑工业出版社，2007.

［11］ 赵挺生，李小瑞，邓明．建筑工程安全管理［M］．北京：中国建筑工业出版社，2006.